“十四五”职业教育国家规划教材

全国中等职业学校电工类专业通用教材
全国技工院校电工类专业通用教材（中级技能层级）

安全用电

（第六版）

人力资源社会保障部教材办公室　组织编写

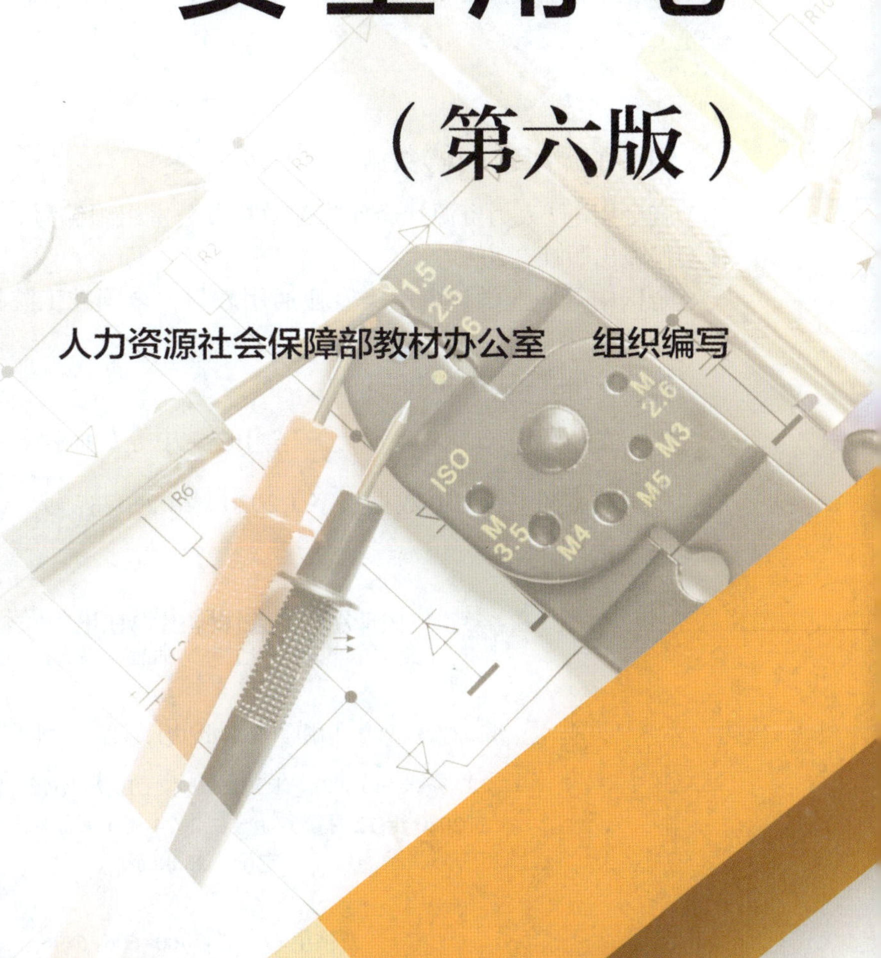

中国劳动社会保障出版社

简　介

本书主要内容包括触电与触电防护、安全防护技术及其应用、电气设备及线路的安全运行、电气安全工作制度、安全用电的检查和电气事故的处理。

本书由王兆晶任主编，阎伟、周照君任副主编，吴波、杜伟、冯俊尊、丁丁、任昱羲参加编写；叶录京审稿。其中，第一章由王兆晶编写，第二章由阎伟编写，第三章由周照君编写，第四章由吴波编写，第五章由杜伟编写；实训由丁丁编写；动画脚本由阎伟、冯俊尊编写；插图由任昱羲绘制。

图书在版编目（CIP）数据

安全用电 / 人力资源社会保障部教材办公室组织编写．-- 6 版．-- 北京：中国劳动社会保障出版社，2020

全国中等职业学校电工类专业通用教材　全国技工院校电工类专业通用教材．中级技能层级

ISBN 978-7-5167-4805-3

Ⅰ．①安…　Ⅱ．①人…　Ⅲ．①安全用电 – 中等专业学校 – 教材　Ⅳ．① TM92

中国版本图书馆 CIP 数据核字（2020）第 233787 号

中国劳动社会保障出版社出版发行

（北京市惠新东街 1 号　邮政编码：100029）

*

北京宏伟双华印刷有限公司印刷装订　　新华书店经销

787 毫米 ×1092 毫米　16 开本　10.75 印张　204 千字

2020 年 12 月第 6 版　　2024 年 1 月第 8 次印刷

定价：28.00 元

营销中心电话：400-606-6496

出版社网址：http://www.class.com.cn

http://jg.class.com.cn

前 言

为了更好地适应全国技工院校电工类专业的教学要求，全面提升教学质量，人力资源社会保障部教材办公室组织有关学校的一线教师和行业、企业专家，在充分调研企业生产和学校教学情况、广泛听取教师使用反馈意见的基础上，吸收和借鉴各地技工院校教学改革的成功经验，对现有电工类专业通用教材进行了修订（新编）。

本次教材修订（新编）工作的重点主要体现在以下几个方面。

更新教材内容

◆ 根据企业岗位需求变化和教学实践，确定学生应具备的知识与能力结构，调整部分教材内容，增补开发教材，使教材的深度、难度、广度与实际需求相匹配。

◆ 根据相关专业领域的最新技术发展，推陈出新，补充新知识、新技术、新设备、新材料等方面的内容。

◆ 根据最新的国家标准、行业标准编写教材，保证教材的科学性和规范性。

◆ 根据一体化教学理念，提高实践性教学内容的比重，进一步强化理论知识与技能训练的有机结合，体现“做中学、学中做”的教学理念。

优化呈现形式

◆ 创新教材的呈现形式，尽可能使用图片、实物照片和表格等形式将知识点生动地展示出来，提高学生的学习兴趣，提升教学效果。

◆ 部分教材将传统黑白印刷升级为双色印刷和彩色印刷，提升学生的阅读体验。例如，《电工基础（第六版）》和《电子技术基础（第六版）》采用双色设计，使电路图、波形图的内涵清晰明了；《安全用电（第六版）》将图片进行彩色重绘，符合学生的认知习惯。

提升教学服务

为方便教师教学和学生学习，除全面配套开发习题册外，还提供二维码资源、电子教案、电子课件、习题参考答案等多种数字化教学资源。

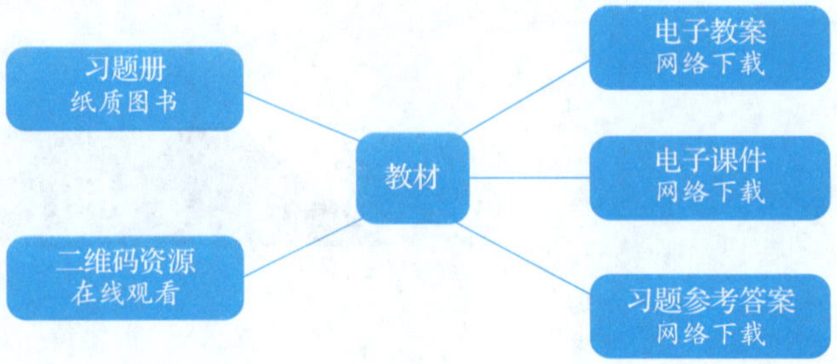

二维码资源——在部分教材中，针对重点、难点内容制作微视频，针对拓展学习内容制作电子阅读材料，使用移动设备扫描即可在线观看、阅读。

电子教案——结合教材内容编写教案，体现教学设计意图，为教师备课提供参考。

电子课件——依据教材内容制作电子课件，为教师教学提供帮助。

习题参考答案——提供教材中习题及配套习题册的参考答案，为教师指导学生练习提供方便。

电子教案、电子课件、习题参考答案均可通过技工教育网（http：//jg.class.com.cn）下载使用。

致谢

本次教材的修订（新编）工作得到了辽宁、江苏、山东、河南、广西等省（自治区）人力资源社会保障厅及有关学校的大力支持，在此我们表示诚挚的谢意。

人力资源社会保障部教材办公室

2020 年 9 月

目 录

第一章 触电与触电防护

第二章 安全防护技术及其应用

第三章 电气设备及线路的安全运行

第四章　电气安全工作制度

第五章　安全用电的检查和电气事故的处理

附　录

第一章
触电与触电防护

§1-1　电气事故基本知识

学习目标

了解电气事故的特点、预防措施及常见电气事故。

电能的开发和应用给人类的生产和生活带来了巨大变革，大大促进了社会的进步和文明。在现代社会中，电能已被广泛应用于工农业生产和人民生活等各个领域。人类在用电的同时，如果对电能可能产生的危害认识不足，控制、管理不当，防护措施不利，在电能的传递和转换过程中，将会发生异常情况，造成电气事故。

一、电气事故的特点

电气事故是电气安全工程研究和管理的主要对象。电气事故是由电流、电磁场、雷电、静电和某些电路故障等直接或间接造成建筑设施、电气设备毁坏，人、动物伤亡，以及引起火灾和爆炸等后果的事件。掌握电气事故的特点和分类情况，对做好安全用电工作具有重要的意义。电气事故具有以下特点：

1. 电气事故危害大

电气事故的发生伴随着危害和损失，严重的电气事故不仅带来重大的经济损失，甚至还可能造成人员的伤亡。发生电气事故时，电能直接作用于人体，会造成电击；电能转换为热能作用于人体，会造成烧伤或烫伤；电能脱离正常的通道，会形成漏电、接地或短路，构成火灾、爆炸的起因。

电气事故在工伤事故中占有不小的比例。据有关部门统计，我国每年触电死亡的人数占全部事故死亡人数的 5% 左右。

2. 电气事故危险直观识别难

由于电既看不见、听不见，又嗅不着，其本身不具备被人们直观识别的特征。由电所引发的危险不易被人们所察觉、识别和理解，所以电气事故往往来得猝不及防，这给电气事故的防护及人员的教育和培训带来困难。

3. 电气事故涉及领域广

首先，电气事故并不仅仅局限于用电领域的触电、设备和线路故障等，在一些非用电场所，因电能的释放也会造成灾害或伤害。例如，雷电、静电和电磁场危害等，都属于电气事故的范畴。另外，电能的使用极为广泛。哪里使用电，哪里就有可能发生电气事故，哪里就必须考虑电气事故的预防问题。

二、电气事故的预防措施

电气事故是具有规律性的，且其规律是可以被人们认识和掌握的。大量的电气事故都具有重复性和频发性。无法预料、不可抗拒的电气事故毕竟是极少数。人们在长期的生产和生活实践中已经积累了预防电气事故的丰富经验，只有遵守有关的电气安全技术措施和操作规程，不断完善和总结电气安全技术措施和管理措施，才可以避免电气事故。

安全操作规程是为了保证安全生产而制定的、操作者必须遵守的操作活动规则。它是根据企业的生产性质、机器设备的特点和技术要求，结合具体情况及人们的经验制定出的安全操作守则；是企业建立安全制度的基本文件和进行安全教育的重要内容；是处理伤亡事故的一种依据。

三、电气事故案例分析

1. 常见的家庭触电事故（表 1-1-1）

表 1-1-1　常见的家庭触电事故

事故原因	图　示	事故原因	图　示
私自乱拉、乱接电线		用湿手触摸或用湿布擦拭带电灯具、开关等电器用具	

续表

事故原因	图 示	事故原因	图 示
晒衣竿在架空电线上方或晒衣铁架距离电力线太近		洗衣机等家用电器的金属外壳未连接地线	
		在电加热设备上覆盖和烘烤衣物	

2. 缺乏电气安全常识造成的事故（表 1-1-2）

表 1-1-2 缺乏电气安全常识造成的事故

案例编号	事故环境及事故发生情况	事故原因	事故教训
案例一	 上海某电力安装公司的工作人员在虹桥路一工地内紧急修理大吊车。当时正下雨，一名电工在工地上临时安装了一盏碘钨灯用于照明，电线接在工地的移动配电箱上，照明灯靠在大吊车上。两名工人当时均穿着胶鞋站在车旁，并顺势将手搭在车身上。此时电工送电，两人顿时全身颤抖、倒地不省人事。其中1人当场死亡，另1人在送往医院后，经抢救无效死亡	雨天在室外工作，照明灯具和电线漏电，并搭碰吊车车体	工人应增强安全用电常识的学习和自我保护意识
案例二	 广州某工地的几名工人在搬移亭状的铁结构架时触及高压线，发生重大触电伤亡事故	搬移过程中，亭架上端碰到高压线	

续表

案例编号	事故环境及事故发生情况	事故原因	事故教训
案例三	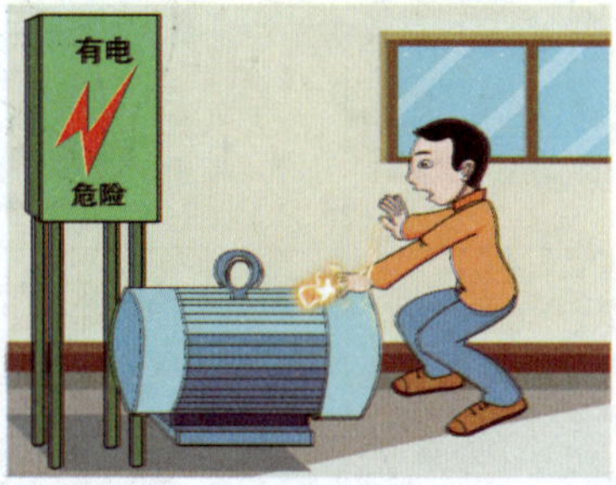 某花岗岩市场内一台电动机发生烧毁事故，导致电线漏电，无证“电工”未细查原因，就直接换用了一台新电动机，结果导致一名操作工人不慎触电，经抢救无效死亡	短路电流使电线绝缘烧坏，出现漏电	电工作业人员必须经培训后持证上岗，操作工人应增强用电保护意识

3. 违章作业造成的事故（表 1-1-3）

表 1-1-3　违章作业造成的事故

案例编号	事故环境及事故发生情况	事故原因	事故教训
案例一	 某电厂检修班职工刁某和张某对故障电焊机进行检修。在修理完成后，其通电试验良好。断开电焊机开关，准备拆除电焊机接线。刁某蹲着拆除电焊机电源线中间接头，拆完一相后，在拆除第二相的过程中意外触电，经抢救无效死亡	职工刁某在电源线带电又无绝缘防护的情况下作业，导致触电，其明显违章作业是此次事故的直接原因 张某同为工作组成员，在工作中未有效地进行安全监督、提醒，未及时制止刁某的违章作业行为，是此次事故的间接原因	电工作业人员必须严格遵守安全操作规程，杜绝违章作业行为的发生

续表

案例编号	事故环境及事故发生情况	事故原因	事故教训
案例二	 吉林某医院电工班班长张某值班时突然发现医院全楼断电。他跑到二楼的配电室，在未查明停电原因的情况下强行送电，之后便离开配电室。随后，配电室里发出“噼啪”的响声。张某返回时，发现配电室里已冒浓烟，便迅速跑到医院外去拉变压器的闸刀开关，当再次返回二楼的时候，火势已经蔓延开来。此次火灾造成39人死亡、28人重伤	在未查明停电原因的情况下强行送电，其违章作业是此次事故的直接原因 在发现配电室里冒浓烟的情况下，未及时采取有效的扑救措施和报警，是此次事故的间接原因	当发现电气火灾现象时，应及时采取扑救措施和报警
案例三	 北京某施工现场，两名施工人员在操作钻机打井时，钻机塔架触到高压电线，两人遭电击并当场死亡	作业车后面拖着的钻机塔架顶部搭在距离地面不足10 m的电线上，钻机塔架与高压电线接触后，使工人遭到电击	应加强对现场工作人员执行规章制度的监督和落实

4. 电气安装不符合要求造成的事故（表 1-1-4）

表 1-1-4　电气安装不符合要求造成的事故

案例编号	事故环境及事故发生情况	事故原因	事故教训
案例一	 广西某市场内发生重大火灾，着火面积达到 13 900 m^2，烧毁市场三层楼共 271 户个体门面及所存的附属物，造成直接财产损失 1 900 万元	因电线接触不良引起发热，导致局部绝缘失效，产生对地放电并引燃可燃物	电气安装应遵循工艺要求，维修人员应贯彻“预防为主，修理为辅”的原则
案例二	 河北省某非法营业的游戏厅由于线路漏电，引发重大火灾，造成 17 人死亡	由于店主对墙壁电线自行改造，引起线路漏电，造成火灾	应由专业电工对电气设备及线路进行改造
案例三	 广州某大学组织大四学生到某市自然保护区大峡谷实地学习考察。在峡谷里有一个水电站，电站的三根高压裸线从谷底拉到悬崖边的变压器上。一名同学在学习考察的过程中靠近电线拍照，不小心触电后掉下悬崖，经抢救无效死亡	因高压裸线离地距离过近，造成触电事故	对于标示有危险标志的地区，不应该冒险靠近

5. 设备有缺陷或故障造成的事故（表 1-1-5）

表 1-1-5 设备有缺陷或故障造成的事故

案例编号	事故环境及事故发生情况	事故原因	事故教训
案例一	 某供电局在处理配电事故时，柱上多油断路器突然爆炸，燃烧的油落在杆上准备操作的工人身上，使其全身着火，腰绳烧断后坠落地面。操作工人烧伤面积达 100%，三度烧伤面积达 90% 以上，经抢救无效死亡	柱上多油断路器没有定期检查和维护，其爆炸引发火灾，导致伤亡事故的发生	对设备应定期检查、维护和保养
案例二	 江西省九江市某商厦因照明设备短路发生火灾，9 名商场值班人员和装修工被大火烧死，另有 1 人跳窗躲避时摔死。大火烧毁建筑 8 800 m^2，造成直接财产损失 536.2 万元	使用伪劣照明设备及灯具引发火灾，导致伤亡事故的发生	采购、使用的电线电缆和相关用电设备应具有国家“CCC”认证标志
案例三	 安徽省临泉县某村民家中的电视机突然发生爆炸，并引发火灾。家中 7 人都没能逃出火海，其中 6 人死亡、1 人严重烧伤	线路过压故障，引发家电爆炸并引起火灾，导致重大伤亡事故的发生	巡线和安装电工应加强责任心，定期检查线路和设备的工作情况，做到防微杜渐

电气事故往往发生得很突然，且经常在极短时间内就会造成严重的后果。出现以上这些事故的原因很大程度上都与电气从业人员的防患意识不强有关，因此，每一个电气从业人员都应该增强自己的责任心，切实履行自己的职责。

知识拓展

电工作业和电工特种作业人员从业的基本条件

一、电工作业

电工作业是指对电气设备进行运行、维护、安装、检修、改造施工、调试等作业（不含电力系统进网作业）。

1. 高压电工作业

高压电工作业是指对 1 kV 及以上的高压电气设备进行运行、维护、安装、检修、改造施工、调试、试验及绝缘工、器具进行试验的作业。

2. 低压电工作业

低压电工作业是指对 1 kV 以下的低压电气设备进行安装、调试、运行操作、维护、检修、改造施工和试验的作业。

二、电工特种作业人员从业的基本条件

1. 年满 18 周岁，且不超过国家法定退休年龄。

2. 经社区或者县级以上医疗机构健康体检合格，并无妨碍从事相应特种作业的器质性心脏病、癫痫病、美尼尔氏症、眩晕症、癔病、帕金森病、精神病、痴呆症以及其他疾病和生理缺陷。

3. 具有初中及以上文化程度。

4. 具备必要的安全技术知识与技能。

5. 相应特种作业规定的其他条件。

§1-2 触电方式

学习目标

1. 熟悉电击、电伤的概念、特征及危害。
2. 熟悉安全电流、人体电阻与安全电压的定义及对人体的影响。
3. 了解触电的常见形式、触电原因及预防措施。

人体组织中有 60% 以上是由含有导电物质的水分组成的，因此，人体是良导体。当人体接触设备的带电部分并形成电流通路时，就会有电流流过人体，导致触电。

一、触电

触电是指电流流过人体时对人体产生的生理和病理伤害。这种伤害是多方面的，可分为电击和电伤两种类型。

1. 电击

电击是由于电流通过人体或动物躯体而引起的生理效应。绝大部分触电死亡事故都是由电击造成的。

电击又可分为直接电击和间接电击两种。直接电击是指人体直接触及正常运行的带电体所发生的电击。间接电击是指电气设备发生故障后，人体触及意外带电部分所发生的电击。因此，直接电击也称为正常情况下的电击，间接电击也称为故障情况下的电击。

2. 电伤

电伤是指由于电流的热效应、化学效应和机械效应对人体外表造成的局部伤害，它常与电击同时发生。最常见的有电灼伤、电烙印和皮肤金属化三种类型。

电击和电伤的特征与危害见表 1-2-1。

表 1-2-1 电击和电伤的特征与危害

名称		特征	危害
电击		常会给人体留下较明显的特征，如电标、电纹、电流斑。电标是指在电流出入口处所产生的革状或炭化标记；电纹是指电流通过皮肤表面，在其出入口间产生的树枝状不规则发红线条；电流斑是指电流在皮肤表面出入口处所产生的大小溃疡	电击是触电事故中最危险的一种，可致使人体产生痉挛、刺痛、灼热感、昏迷、心室颤动、呼吸困难、心跳停止等现象
电伤	电灼伤	电灼伤是电流经过皮肤或器官表面时所引起的灼伤，分为接触灼伤和电弧灼伤两种 （1）接触灼伤：发生高压触电事故时，电流通过人体皮肤的出入口造成的灼伤 （2）电弧灼伤：在误操作或过分接近高压带电体时，产生电弧放电，出现的高温电弧造成的灼伤	高温电弧会把皮肤烧伤，致使皮肤发红、起泡或烧焦，以及破坏皮肤组织；电弧还会使眼睛受到严重的伤害

续表

名称		特征	危害
电伤	电烙印	由电流的化学效应和机械效应引起，通常在人体与带电体有良好接触的情况下发生。电烙印有时在触电后并不立即出现，而是相隔一段时间后才出现	皮肤表面将留下与被接触带电体形状相似的肿块痕迹。电烙印一般不会发炎或化脓，但往往造成局部麻木和失去知觉
	皮肤金属化	由于极高的电弧温度使周围的金属熔化、蒸发并飞溅到皮肤表面，使皮肤表面变得粗糙、坚硬，其色泽与金属种类有关，如灰黄色（铅）、绿色（紫铜）、蓝绿色（黄铜）等	金属化后的皮肤经过一段时间会自行脱落，一般不会留下不良后果

二、安全电流、人体电阻与安全电压

1. 安全电流

人体能够摆脱的握在手中导电体的最大电流值称为安全电流。

交流电（50 ~ 60 Hz）对人体来说最危险。根据经验，大于 10 mA 的交流电流或大于 50 mA 的直流电流流过人体时，就可能危及生命。

按照通过人体电流大小的不同，以及人体呈现状态的不同，可将电流分为感知电流、摆脱电流和致命电流。通过人体电流的大小与对人体伤害程度的关系见表 1-2-2。

表 1-2-2　通过人体电流的大小与对人体伤害程度的关系

类型	定义	交流电流（工频，mA）		直流电（平均值，mA）
		成年男性	成年女性	
感知电流	人体能感知的流过人体的最小电流	$i<1.1$	$i<0.7$	$I<5$
摆脱电流	人体能自主摆脱的通过人体的最大电流	$1.1 \leqslant i<16$	$0.7 \leqslant i<10$	$5 \leqslant I<50$
致命电流	在较短时间内，危及人体生命的最小电流	$i \geqslant 16$	$i \geqslant 10$	$I \geqslant 50$

2. 人体电阻与安全电压

人体电阻主要包括人体内部电阻和皮肤电阻，一般为 1 500 ~ 2 000 Ω。

影响人体电阻的因素很多，除皮肤厚薄外，皮肤潮湿、多汗、有损伤、带有导电性粉尘等都会降低人体电阻。另外，人体电阻还会随电源频率的增大而减小。不同条件下的人体电阻见表 1-2-3。

安全电压是指把可能加在人体上的电压限制在某一范围之内，使得在这种电压下，通过人体的电流不超过允许范围的电压。为了使通过人体的电流不超过安全电流值，我国把安全电压的额定值分为 42 V、36 V、24 V、12 V 和 6 V 五个等级。安全电压的等级和选用见表 1–2–4。

接触电压是指人体同时触及的两点之间的电压，对地电压是指带电体与大地之间的电位差（大地电位为零）。

表 1–2–3　不同条件下的人体电阻

接触电压（50 Hz 交流有效值，V）	人体电阻（Ω）			
	皮肤干燥	皮肤潮湿	皮肤湿润	皮肤浸入水中
10	7 000	3 500	1 200	600
25	5 000	2 500	1 000	500
50	4 000	2 000	875	440
100	3 000	1 500	770	375
250	1 500	1 000	650	325

表 1–2–4　安全电压的等级和选用

安全电压（50 Hz 交流有效值，V）		选　用
额定值	空载上限值	
42	50	在有危险的场所使用的手持电动工具
36	43	潮湿场所，如矿井、多导电粉尘及类似场所使用的行灯等
24	29	工作面积狭窄且操作者易大面积接触带电体的场所，如锅炉、金属容器内
12	15	人体需要长期触及器具上带电体的场所
6	8	

知识拓展

不同大小的电流通过人体时会产生不同的反应，具体见表 1–2–5。

表 1–2–5　不同大小的电流通过人体时产生的反应

电流（mA）	交流电（50 Hz）	直流电
0.6 ~ 1.5	手指开始感觉发麻	无感觉
2 ~ 3	手指感觉强烈发麻	无感觉
5 ~ 7	手指肌肉感觉痉挛	手指感觉灼热和刺痛

续表

电流（mA）	交流电（50 Hz）	直流电
8 ~ 10	手指关节与手掌感觉痛，手难以脱离电源，但尚能摆脱	手指感觉灼热，较 5 ~ 7 mA 时更强
20 ~ 25	手指感觉剧痛、迅速麻痹，手不能摆脱电源，呼吸困难	灼热感很强，手的肌肉痉挛
50 ~ 80	呼吸麻痹，心室开始震颤	强烈灼痛，手的肌肉痉挛，呼吸困难
90 ~ 100	呼吸麻痹，持续 3 s 或更长时间后心脏麻痹或心房停止跳动	呼吸麻痹
>500	延续 1 s 以上有死亡危险	呼吸麻痹，心室颤动，心跳停止

三、触电形式

常见的触电形式有单相触电（变压器低压侧中性点接地或不接地）、两相触电和跨步电压触电等，见表 1-2-6。

表 1-2-6　常见的触电形式

<table>
<tr><th>触电形式</th><th>图　示</th><th>危险程度</th><th>触电情况</th></tr>
<tr><td>单相触电（变压器低压侧中性点接地）</td><td>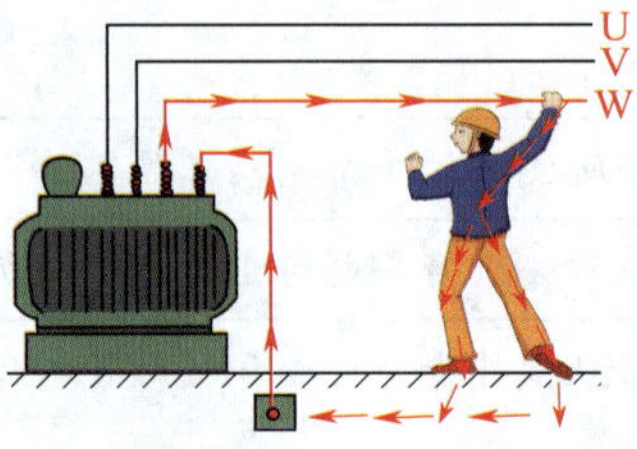
</td><td rowspan="2">若绝缘良好，一般不会发生触电危险；若绝缘被破坏或绝缘很差，就会发生触电事故
触电电流大，几乎是致命的，加上电弧灼伤，情况更为严重</td><td>电流从一根相线经过电气设备、人体再经大地流到中性点。此时加在人体上的电压是相电压</td></tr>
<tr><td>单相触电（变压器低压侧中性点不接地）</td><td>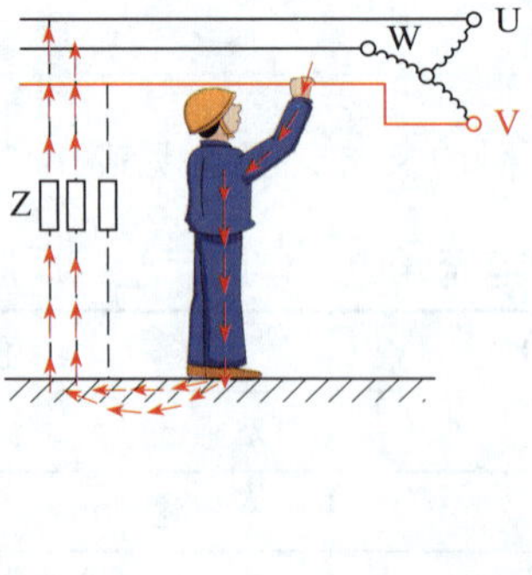
</td><td>在 1 000 V 以下，人触到任何一相带电体时，电流经电气设备，通过人体到另外两根相线的对地绝缘电阻和分布电容而形成回路
在 6 ~ 10 kV 高压侧中性点不接地系统中，电压高，所以触电电流大</td></tr>
</table>

续表

触电形式	图　示	危险程度	触电情况
两相触电	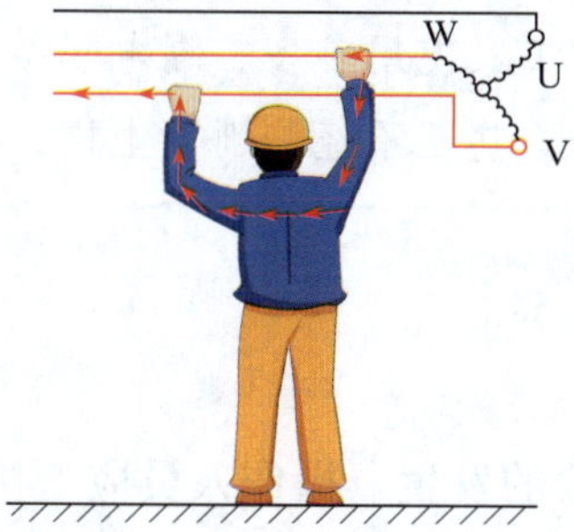	由于在电流回路中只有人体电阻，所以两相触电非常危险。触电者即使穿着绝缘鞋或站在绝缘台上也起不到保护作用	电流从一根相线经过人体流至另一根相线
跨步电压触电		电场强度随离断线落地点距离的增加而减小。距断线落地点 1 m 范围内，约有 60% 的电压降；距断线落地点 2 ～ 10 m 范围内，约有 24% 的电压降；距断线落地点 11 ～ 20 m 范围内，约有 8% 的电压降	输电线断线落地或运行中的电气设备因绝缘损坏漏电时，电流经过接地体向大地做环形流散，并在落地点或接地体周围地面产生强大的电场。当有人走过落地点周围时，大地表面人体步距两点之间的电压称为跨步电压（成人的步距一般为 0.8 m）。跨步电压触电时，电流从人的一只脚经下身通过另一只脚流入大地形成回路

知识拓展

触电事故的发生具有一定规律

统计资料表明：

（1）一般发生触电事故以年轻人居多，因为生产第一线的工作人员主要是年轻人。年龄大、工作经验丰富的人发生触电事故的概率较低。

（2）触电事故发生有季节性，因为气候潮湿造成绝缘电阻减小，人体电阻也减小，故雨季触电事故多，如 6 至 9 月份的触电事故占全年的 80% 以上。

（3）低压触电比高压触电概率大。有资料显示，每16人触电死亡，其中就有11人是低压触电，低压触电占68.8%，高压触电占31.2%。

（4）从行业上看，冶金、建筑、建材、矿山等行业发生触电事故的居多。这些行业属于劳动密集型产业，手动、手持电动工具使用较多，漏电、触电的概率自然增加，尤其是有些企业工人经简单培训后就上岗，甚至不经培训就上岗，更增加了安全隐患。

四、触电的原因及预防措施

为了更好地使用电能，防止触电事故的发生，操作人员应严格遵守各种电气设备的操作规程和操作步骤，同时在生产中必须采取必要的安全措施。触电的常见原因及预防措施见表 1–2–7。

表 1–2–7　触电的常见原因及预防措施

常见原因	预防措施
带电工作	（1）由经过培训、考试合格的电工进行，并有专业人员监护 （2）采取安全措施，如穿上绝缘靴；站在橡胶垫上、干燥的绝缘物上或用橡胶布遮盖周围的导体和接地处
移动和便携式电动工具、电气设备使用不当	（1）建立经常或定期的检查制度，如发现故障或与有关规定不符时，应及时加以处理，如采用保护接地或保护接零等安全措施 （2）使用 24 V 或 12 V 的安全电压 （3）采用漏电保护开关
设备接地不良	金属外壳电气设备的电源插头一般使用三极插头，其中带有“⏚”符号的一极应接到专用的接地线上。禁止将地线接到水管、煤气管等埋于地下的管道上使用
搭接临时线路	（1）定期进行检查 （2）严禁使用“一线一地”制安装
存在裸露的带电体	（1）按规定架空 （2）设置警告牌或遮栏
存在跨步电压	当人体突然进入高压线跌落区时，要保持镇静，在看清高压线位置的情况下，双脚并拢，向远离高压线落地点的方向小幅度跳动
电气设备或电气线路发生火灾	（1）立即切断电源 （2）防止身体或手持的灭火器材触及带电的导线或电气设备

针对用电者特别是带电施工现场的工作人员，要宣传安全用电知识，加强安全教育，提高安全用电意识。

§1-3 触电急救

学习目标

1. 了解触电急救的要点。
2. 掌握解救触电者脱离电源的方法。
3. 掌握触电急救的方法和现场急救的注意事项。
4. 掌握触电急救过程中的再判定、伤员的移动及伤员好转后的处理方法。
5. 掌握在电杆上或高处触电急救的方法。
6. 掌握外伤救护的方法。

一、触电急救的要点

触电急救的要点是：抢救迅速和救护得法。即用最快的速度在现场采取积极措施，保护触电者生命，减轻伤情，减少痛苦，并根据伤情需要迅速联系医疗救护等部门救治。

一旦发现有人触电后，周围人员首先应迅速拉闸断电，尽快使其脱离电源。在施工现场发生触电事故时，应将触电者迅速抬到宽敞、空气流通的地方，使其平卧在硬板床上并采取相应的抢救方法。在送往医院的途中应不间断地进行救护。

触电急救十分辛苦，要耐心抢救到触电者复活为止，或经过医生确定停止抢救方可停止。因为低压触电通常都是假死，采取科学的方法急救是必要的。在抢救过程中，要每隔数分钟判定一次触电者的呼吸和脉搏情况，每次判定的时间不得超过 5 ~ 7 s。在医务人员未接替抢救前，现场人员不得放弃现场抢救。

触电急救必须分秒必争，并坚持不断地进行，同时及早与医疗部门取得联系，争取医务人员接替救治。

知识拓展

触电急救案例

案例一　某地大风刮断了低压线，造成 4 人触电，其中 3 人当场停止呼吸，用人工呼吸法抢救，有2人较快救活，另1人伤情较严重，经用口对口人工呼吸法及胸外心脏按压法抢救1.5 h，也终于救活。

案例二　国外一次音乐会上，一名大学生在演奏时不慎用手触及失修电线，被电击倒，当场停止了呼吸。幸亏现场有两名医生立即对他进行了人工呼吸，并施行了胸外心脏按压，然后把他送至医院复苏科，坚持不懈地进行抢救，18天后，这名大学生终于苏醒。

该案例中现场医生采取的果断措施起了决定性作用，避免了临床死亡转为生理死亡。

二、解救触电者脱离电源的方法

触电急救的第一步是解救触电者迅速脱离电源，具体方法见表1–3–1。

表1–3–1　解救触电者脱离电源的方法

触电形式及处理方法		实施方法	图　示
低压电源触电	拉	附近有电源开关或插座时，应立即拉下电源开关或拔掉电源插头	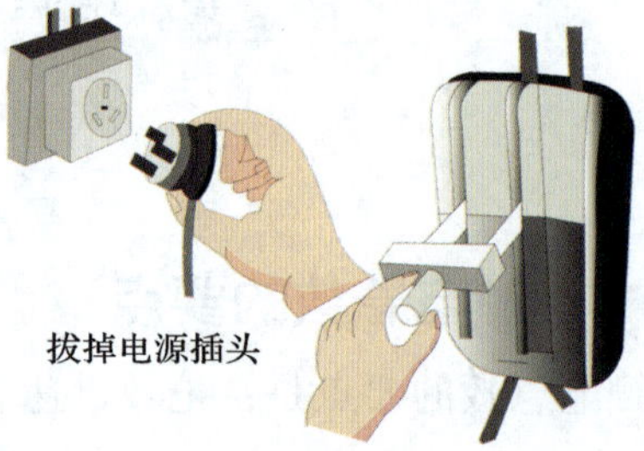 拔掉电源插头 拉下电源开关
	切	若一时找不到断开电源的开关，应迅速用绝缘完好的钢丝钳或断线钳剪断电线，以断开电源	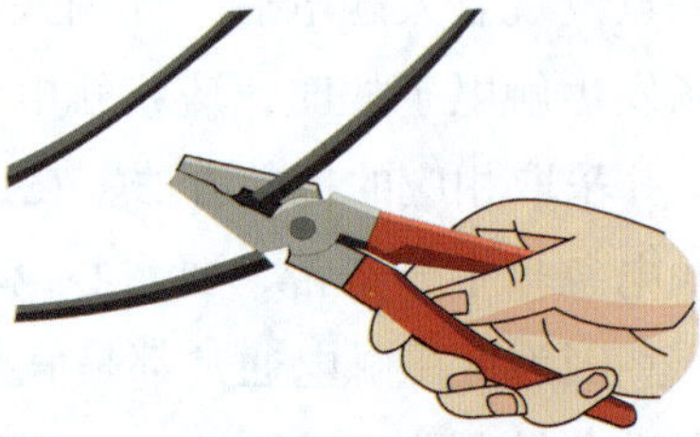 剪断连接的电线
	挑	对于由导线绝缘损坏造成的触电，急救人员可用绝缘工具或干燥的木棍等将电线挑开（急救人员注意防止自己跨步电压触电）	 用干燥的木棍挑开电线

续表

触电形式及处理方法		实施方法	图示
低压电源触电	拽	抢救者可戴上手套或在手上包缠干燥的衣服等绝缘物品拖拽触电者；也可站在干燥的木板、橡胶垫等绝缘物品上，用一只手将触电者拖拽开	 在采取绝缘保护的情况下单手拽开触电者
高压电源触电		发现有人在高压设备上触电时，救护者应戴上绝缘手套、穿上绝缘鞋后拉开电闸	 戴上绝缘手套、穿上绝缘鞋后拉开电闸

三、触电急救的方法

1. 简单诊断

在进行心肺复苏之前，需要对触电者进行简单诊断，具体见表 1–3–2。

表 1–3–2 简单诊断

步骤	实施方法	图示
1	将脱离电源的触电者迅速移至通风、干燥处，将其仰卧，松开上衣和裤带	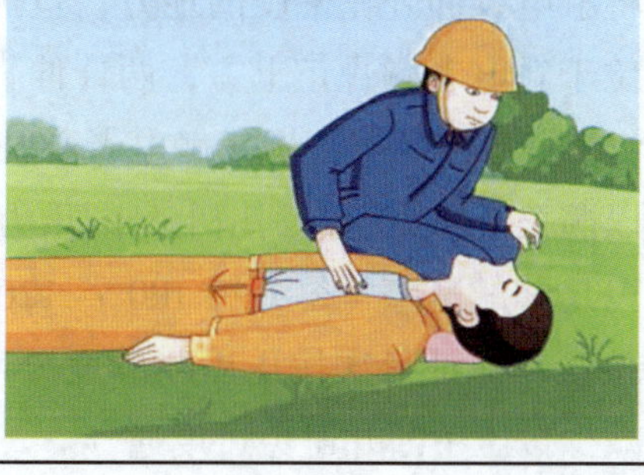

续表

步骤	实施方法	图示
2	观察触电者的瞳孔是否放大。当处于假死状态时，人体大脑细胞严重缺氧，处于死亡边缘，瞳孔自行放大	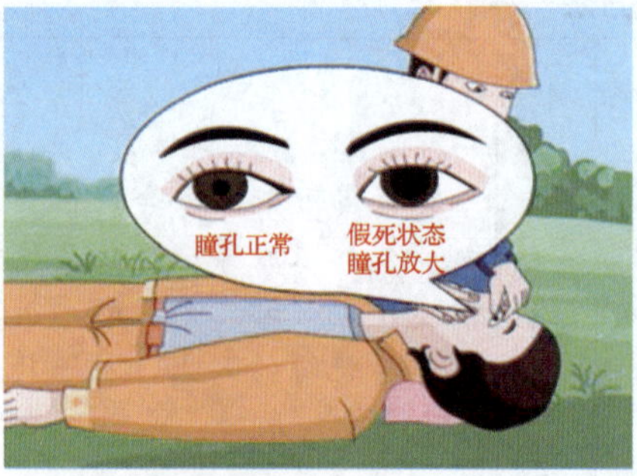
3	观察触电者有无呼吸存在，摸一摸颈部的颈动脉有无搏动	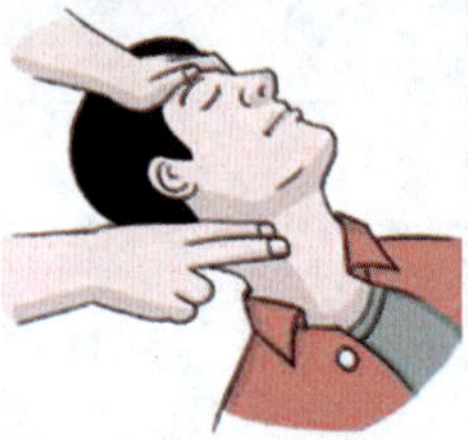

2. 心肺复苏

心肺复苏是针对骤停的心脏和呼吸采取的抢救措施。心肺复苏的黄金时间为 4 ~ 6 min。心肺复苏的三个关键步骤是胸外心脏按压、开放气道和口对口人工呼吸。

（1）胸外心脏按压

对“有呼吸而心跳停止”的触电者，应采用胸外心脏按压法进行急救。

1）按压位置。正确的按压位置是保证胸外按压效果的重要前提，可用以下两种方法之一来确定：

方法一：胸部正中，双乳头之间，胸骨的下半部即为正确的按压位置（图 1–3–1a）。

方法二：沿触电者肋弓下缘向上，找到肋骨和胸骨接合处的中点，两手指并齐，中指放在切迹中点（剑突底部），食指平放在胸骨下部，另一只手的掌根紧挨食指上缘，置于胸骨上，即为正确的按压位置（图 1–3–1b）。

2）按压姿势。正确的按压姿势是达到胸外按压效果的基本保证，具体如下：

①将触电者仰卧在平硬的地方，救护人员站立或跪在触电者一侧胸旁，救护人员的两肩位于触电者胸骨正上方，两臂伸直，肘关节固定伸直，两手掌根相重叠，手指翘起，将下面手的掌根部置于触电者心脏按压位置上。

②以髋关节为支点，利用上身的重力，垂直将正常成人胸骨压陷 5 ~ 6 cm。

③以足够的速率（每分钟 100 ~ 120 次为宜，每次按压和放松的时间相等）和幅度进行按压，保证每次按压后胸廓充分回弹，按压间歇避免双手倚靠在触电者胸壁，尽可能减少按压中断并避免过度通气。

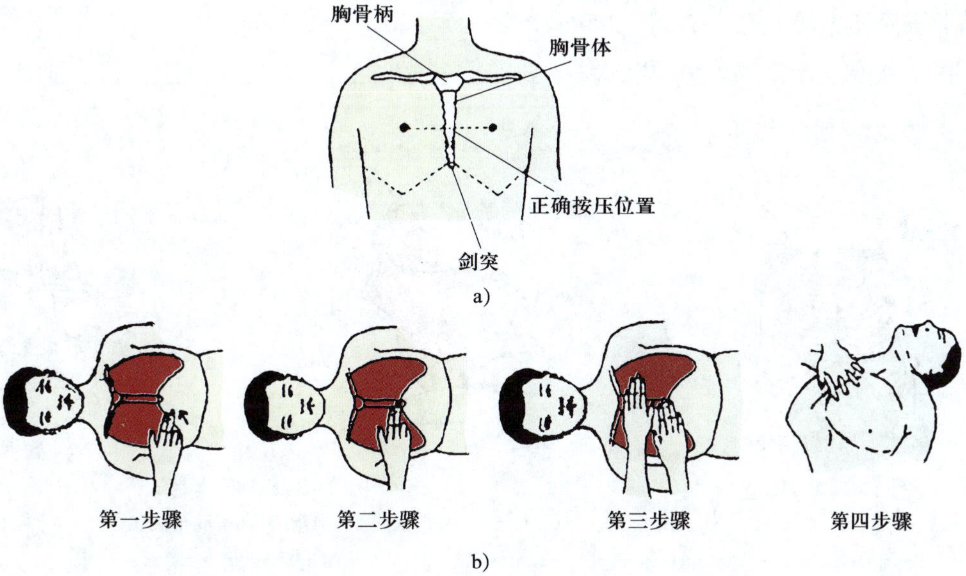

图 1-3-1　正确的按压位置

a）方法一　b）方法二

胸外心脏按压（成人）正确的按压姿势如图 1-3-2 所示。图 1-3-3 所示为正确的按压手势。

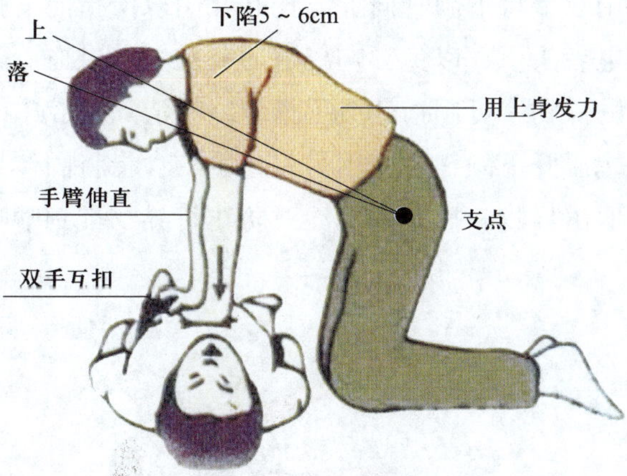

图 1-3-2　正确的按压姿势

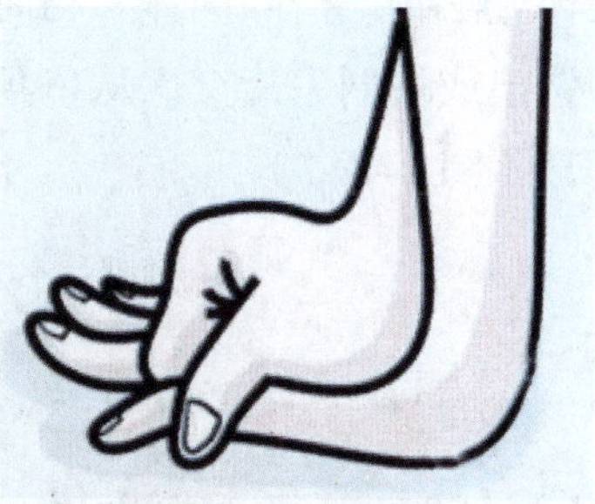

图 1-3-3　正确的按压手势

知识拓展

婴幼儿胸外心脏按压法

定位：双乳连线与胸骨垂直交叉点下方 1 横指处（图 1-3-4）。

幼儿：一手手掌按压。

婴儿：环抱法，双拇指重叠下压，或一手食指、中指并拢下压，如图 1-3-5 所示。

下压深度：幼儿至少 2.5 ~ 3.5 cm，婴儿至少 1.5 ~ 2.5 cm。

按压频率：每分钟至少 100 次。

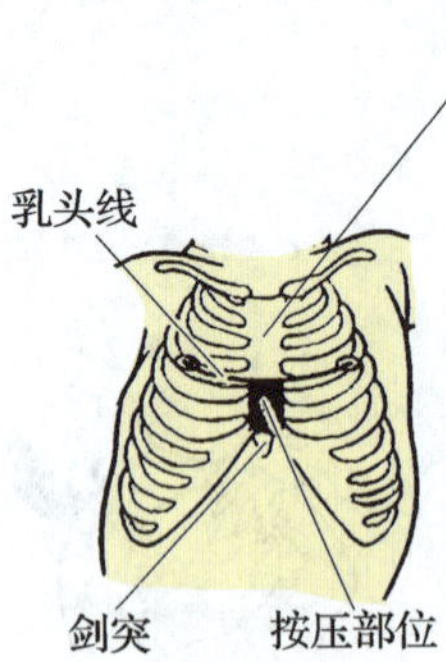

图 1–3–4　定位

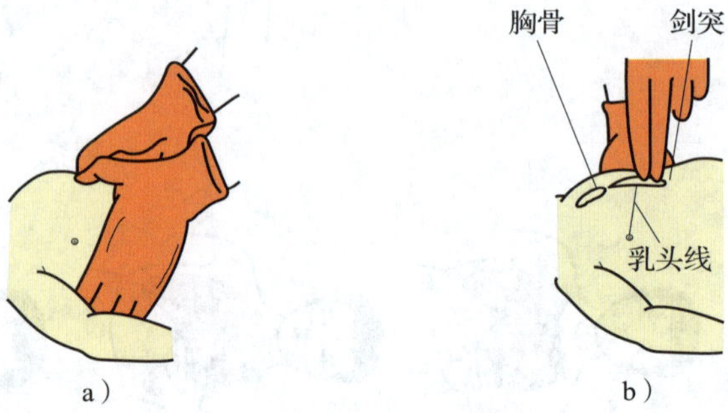

图 1–3–5　按压方法

a）拇指法　b）双指法

（2）开放气道

用仰头抬颏手法开放气道：一只手放在触电者前额，用手掌将额头用力向后推，另一只手的食指与中指置于颏骨下方，向上抬起下颏（对颈部损伤者不适用），两手协同将头部推向后仰（图 1–3–6），由舌后坠导致的气道梗阻即可通畅。怀疑有颈椎外伤者则用双手托下颌保持气道通畅，用双手将下颌骨向上方托起并用双拇指向下打开口腔，严禁用枕头或其他物品垫在触电者头下，以免影响气道通畅及大脑供血。若发现触电者口内有异物，要清除其口中的异物，可用指套或手指缠纱布清除口腔中的液体分泌物。清除固体异物时，一只手按压开下颌，迅速用另一只手的食指将固体异物钩出或用两手指交叉从口角处插入，取出异物，操作中要注意防止将异物推到咽喉深部（图 1–3–7）。

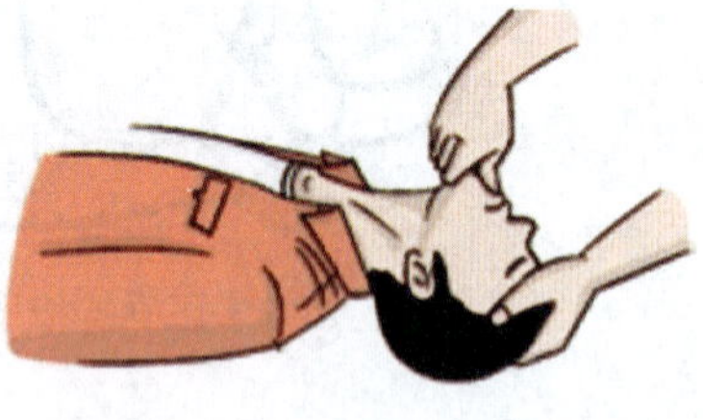

图 1–3–6　仰头抬颏法

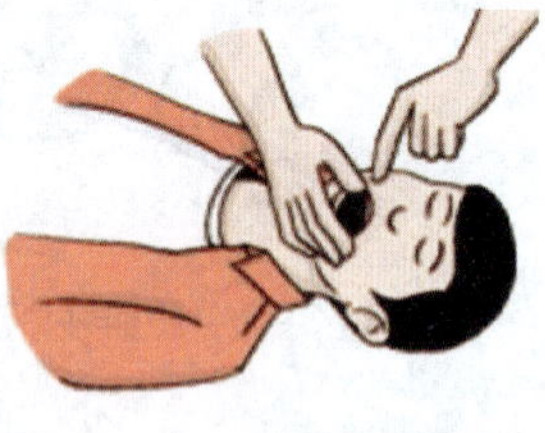

图 1–3–7　清除口腔异物

（3）口对口人工呼吸

对“有心跳而呼吸停止”的触电者，应采用口对口人工呼吸法。

在保持触电者气道通畅的同时，救护人员用放在触电者额上的手捏住触电者鼻翼，救护人员平静吸气后，与触电者口对口紧合，在不漏气的情况下，先连续以正常呼吸气量吹气 2 次，每次吹气时间 1 s 以上。口对口人工呼吸方法如图 1–3–8

所示。

除开始大口吹气两次外，正常口对口人工呼吸的吹气量无须过大，但要使触电者的胸部膨胀，每 5 ~ 6 s 吹气一次（对触电儿童每 3 ~ 5 s 吹气一次），每吹完一次气，放松捏着鼻子的手，让气体从触电者肺部排出，如此反复进行，直到触电者苏醒为止，如图 1–3–9 所示。

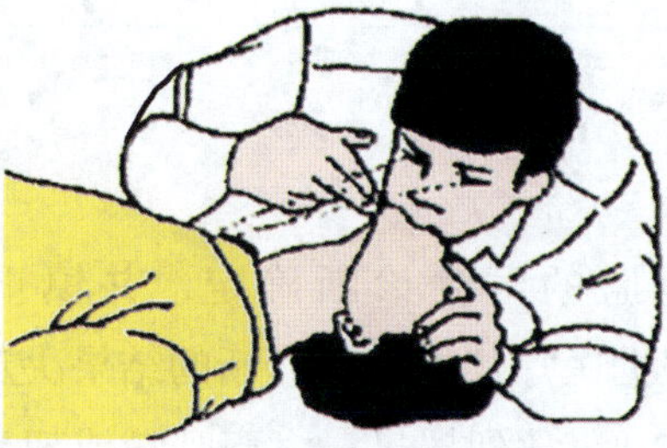

图 1–3–8 口对口人工呼吸方法

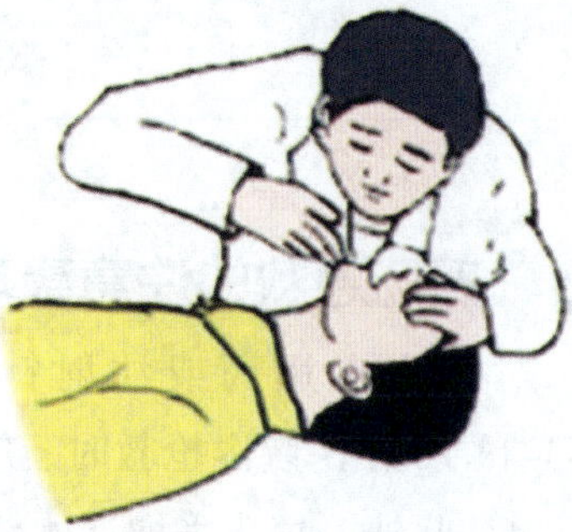

图 1–3–9 放开口鼻换气

对“呼吸和心跳都已停止”的触电者，应同时采用口对口人工呼吸和胸外心脏按压法进行急救。一人急救时，两种方法应交替进行，先按压心脏 30 次，再吹气 2 次，且速度都应快些；两人急救时，按照 30 : 2 交替进行。

知识拓展

婴幼儿口对口人工呼吸

对婴幼儿进行口对口人工呼吸时，鼻孔不要捏紧，让其自然漏气，并适当减少吹气量，避免引起肺泡破裂；如果婴幼儿张嘴有困难，可将其口唇紧闭住，救护人员将口对准婴幼儿的鼻孔吹气。吹气时用一只手的外缘压住触电儿童的额部，另一只手托住下颌，使颈后仰（小儿吹气时颈不能使劲后仰，1 ~ 8 岁 50°，1 岁以下 30°）。救护人员先吸一口气，然后紧凑儿童的嘴或鼻子吹气。吹气完毕后，立即离开儿童的嘴，儿童的胸部自然回缩，气体从肺内排出。吹气的时间应短些，而吸气时间应长些，两者比例约为 1:2。以后按照这种方法继续操作，每分钟 20 次左右，抢救至触电儿童恢复呼吸为止。如果此时触电儿童心脏也停止了跳动，必须在做人工呼吸的同时，进行胸外心脏按压，且应立即打电话给急救中心让医生前来抢救。

因为儿童胸壁较薄，在背部处施加压力也能起较大的作用，所以儿童在尚有心跳、不需要同时进行胸外心脏按压时，可用俯卧压背式人工呼吸法进行抢救，其操作示意图如图 1–3–10 所示（救护人员跨腰跪下，四指并拢，小指压在触电者背部肩胛骨下，即第七对肋骨处）。

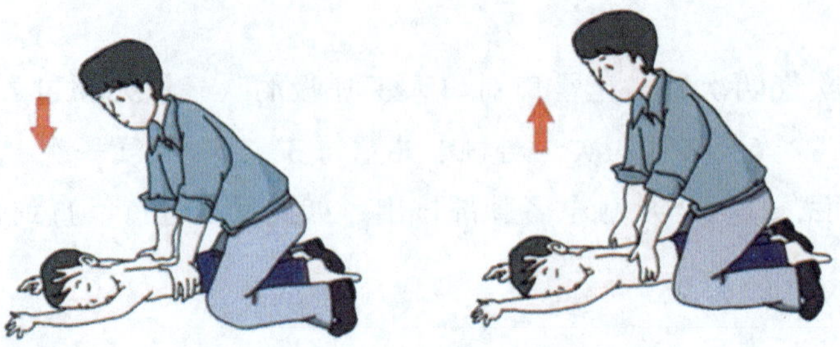

图 1–3–10　俯卧压背式人工呼吸法

四、现场急救的注意事项

1. 对触电者用药或注射针剂，应由有经验的医生诊断确定，并慎重使用（图 1–3–11）。在医院内抢救时，应由医务人员根据医疗仪器设备诊断的结果决定是否使用药物。此外，禁止采取冷水浇淋（图 1–3–12）、猛烈摇晃、大声呼喊或架着触电者跑步等“土”办法，因为人体触电后，心脏会发生颤动，脉搏微弱，血流混乱，在这种情况下用上述办法刺激心脏，会使伤员因急性心力衰竭而死亡。

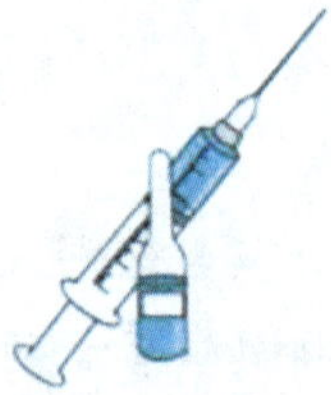

图 1–3–11　慎重注射针剂

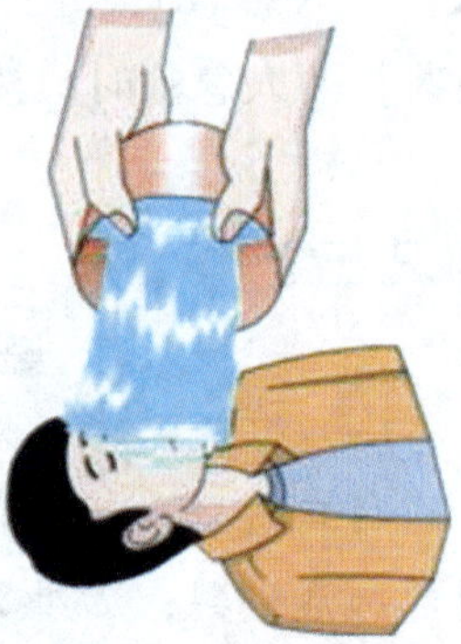

图 1–3–12　禁止冷水浇淋

2. 心肺复苏应在现场就地进行，不要为方便而随意移动伤员，若确实需要移动时，抢救中断时间不应超过 30 s。

3. 移动伤员或将伤员送往医院时，应使伤员平躺在担架上，并在其背部垫以平硬的木板。移动或送医院过程中应继续抢救，对心跳、呼吸停止者要继续用心肺复苏法抢救。

4. 应尽量创造条件，使用塑料袋装入砸碎了的冰屑做成帽状或冰袋包绕在伤员头部，露出眼睛，使脑部温度降低，争取心肺脑完全复苏。

五、触电急救过程中的再判定、伤员的移动及伤员好转后的处理

1. 再判定

（1）按压吹气 2 min 后（相当于 5 组 30：2 按压吹气循环以上），观察触电者的意

识、呼吸和肤色，在 5 ~ 10 s 时间内完成对触电者呼吸和心跳是否恢复的再判断。

（2）若判定呼吸和心跳未恢复，则继续坚持用心肺复苏法抢救。

（3）在医务人员未接替抢救前，现场抢救人员不要轻易放弃抢救。

2. 伤员的移动

（1）基本原则

1）经过现场必要的处理后，方能搬运伤员。

2）密切观察伤员病情，监测其生命体征，若病情恶化，应立即停止搬运，就地抢救。

3）动作要轻柔、迅速，避免不必要的振动。

（2）搬运方法

常用的搬运方法有单人徒手搬运法（扶持、抱持、背负等）、双人徒手搬运法、多人徒手搬运法及器械搬运法。

在抢救过程中，若遇到伤员需要移动与转院的情况，宜用折叠式担架进行移动（图 1-3-13a）。图 1-3-13b 所示为拉车搬运法（一名救护者抱住伤员双腿，另一名救护者从腋下抱住伤员），其为较为常用的一种双人徒手搬运法。但此方法不宜用于怀疑脊柱损伤、骨盆骨折或双下肢骨折的伤员。

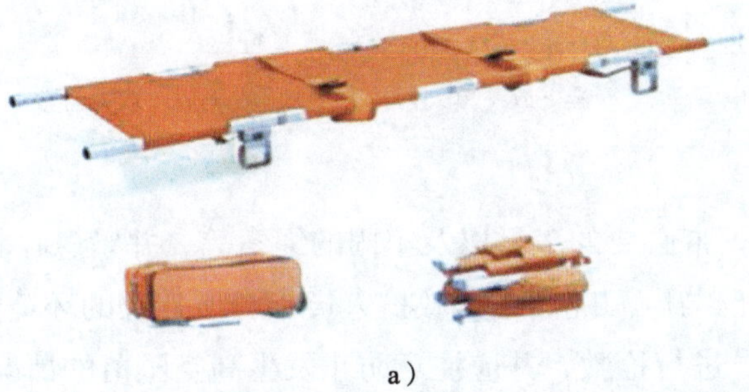

a）

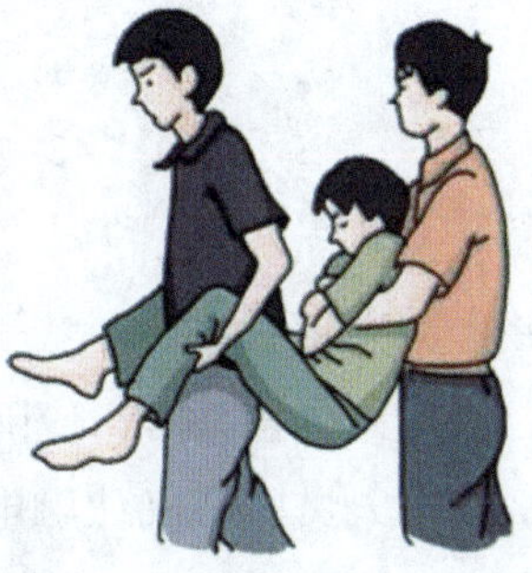

b）

图 1-3-13　抢救过程中伤员的移动

a）折叠式担架　b）拉车搬运法

（3）注意事项

1）伤势较重，如有昏迷、内脏损伤、骨盆骨折、双下肢骨折等的伤员，应使用担架器材搬运。

2）搬运呼吸困难的伤员，应采用坐位。

3）昏迷或有呕吐窒息危险的伤员，应使伤员侧卧或俯卧于担架上，头偏向一侧，在保证呼吸道通畅的前提下搬运和转送。

4）搬运休克伤员，应采用半卧位，双下肢抬高。

5）在搬运颈椎损伤、颅脑损伤的伤员时，应固定其头颈部。

6）脊柱损伤或疑似损伤的伤员，应采用“轴向”搬运方式平放于硬质担架或硬板上，不可背负或曲位搬运。

3. 伤员好转后的处理

（1）若伤员的心跳和呼吸经抢救后均已恢复，可暂停心肺复苏法操作，但心跳和呼吸恢复的早期有可能再次骤停，应严密监护，不能麻痹，要随时准备再次抢救。

（2）初期恢复后，伤员可能神志不清或精神恍惚、躁动，应设法使伤员安静。

六、在电杆上或高处触电急救

若发现在电杆上或高处有人触电时，应争取时间及早在电杆上或高处开始进行抢救。若将触电者从电杆上或高处下放时，可按如图 1–3–14 所示的方法进行。

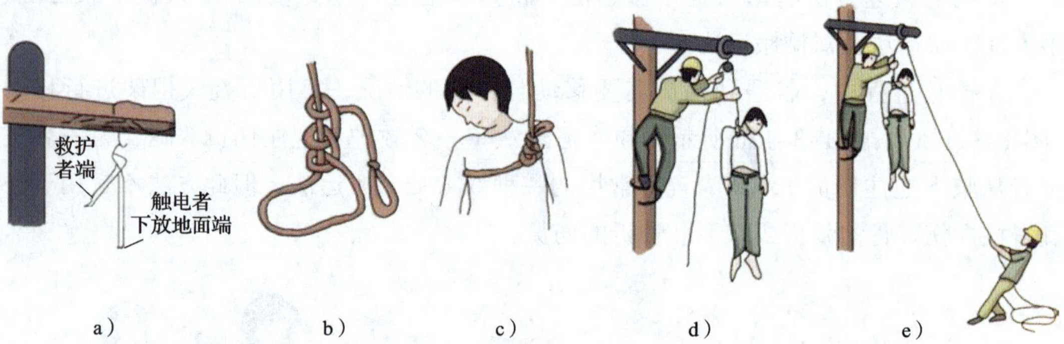

图 1–3–14　将触电者从电杆上或高处下放的方法

a）挂绳架　b）系绳扣　c）套触电者　d）缓慢下放（单人营救）　e）缓慢下放（双人营救）

在抢救时应注意：

1. 救护人员登高时，应随身携带必要的工具以及牢固的绳索等，并紧急呼救。

2. 救护人员应在确认触电者已与电源隔离，且救护人员本身所涉及的环境安全距离内无危险电源时，方能接触伤员进行抢救，并应注意防止发生高空坠落的情况。

3. 高处抢救的具体方法：

（1）触电伤员脱离电源后，应将伤员搬至安全地带（或在适当的地方躺平），并注意保持伤员的气道通畅。

（2）救护人员迅速按简单诊断的方法判断伤员的反应、呼吸和循环情况。

（3）若伤员呼吸停止，应立即进行口对口（鼻）吹气 2 次，再测试一下颈动脉。

若颈动脉有搏动，则每 5 s 继续吹气 1 次；若无搏动，则可用空心拳头叩击心前区 2 次，促使心脏复跳。

（4）为使抢救更为有效，应及早设法将伤员送至地面。在完成上述措施后，应立即用绳参照如图 1–3–14 所示的方法迅速将伤员送至地面，或采取迅速有效的措施送至平台上。

（5）在将伤员由高处送至地面前，应再进行口对口（或鼻）吹气 4 次。

（6）将触电伤员送至地面后，应立即继续按心肺复苏法坚持抢救。

七、外伤救护

发生触电事故时，伴随触电者受电击或电伤常会出现各种外伤，如皮肤创伤、渗血与出血、摔伤、电灼伤等，其救护方法可参照表 1–3–3 进行。

表 1–3–3　外伤的救护方法

外伤现象	救护方法
一般性的外伤创面	先用无菌生理盐水或清洁的温开水冲洗，再用消毒纱布或干净的布包扎，然后将伤员送往医院
伤口大面积出血	立即用干净的手指压迫出血点上方，也可用止血橡皮带使血流中断；同时将出血肢体抬高或高举，以减少出血量，并速送医院处理。如果伤口出血不严重，可用消毒纱布或干净的布料叠几层，盖在伤口处压紧止血
高压触电造成的电弧灼伤	先用无菌生理盐水冲洗，再用酒精涂擦，然后用消毒被单或干净布片包好，速送医院处理
因触电摔跌而骨折	应先止血、包扎，然后用木板、竹竿、木棍等物品将骨折肢体临时固定，速送医院处理。若发生腰椎骨折时，应将伤员平卧在平硬的木板上，并将腰椎、躯干及两侧下肢一并固定以防瘫痪。搬动时要数人合作，保持平稳，不能扭曲
出现颅脑外伤	应使伤员平卧并保持气道通畅。若有呕吐现象，应扶好头部和身体，使之同时侧转，以防止呕吐物造成窒息。当耳鼻有液体流出时，不要用棉花堵塞，只可轻轻拭去，以降低颅内压力

实训　触电急救

一、实训目的

通过实训装置训练掌握触电急救的步骤和方法。

二、实训内容

1. 设备介绍

实训图 1 所示的安全用电实训装置是教学设备产品中的一种，其功能先进、造型美观、使用方便。

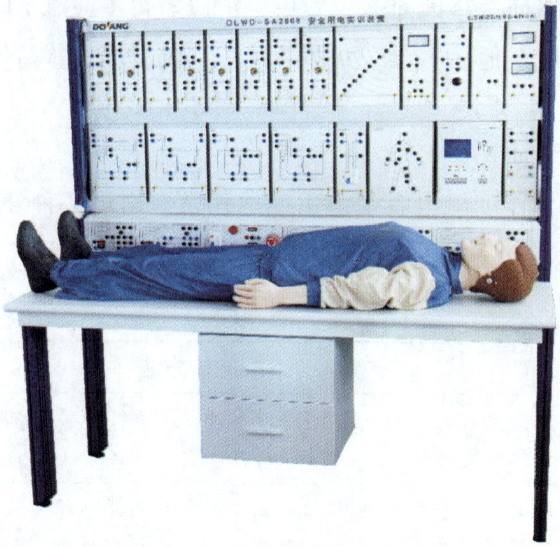

实训图 1　安全用电实训装置

该装置的主要功能有模拟标准气道打开、胸外心脏按压、人工呼吸，模拟人体上颈动脉自动搏动、瞳孔由散大自动缩小恢复正常，打印成绩等。其操作程序分为初学训练和考核训练两种方式。该装置的显示和提示功能如下：

（1）液晶显示人工呼吸与胸外心脏按压、脉搏心电动态的模拟显示。

（2）模拟标准气道开放显示、语言提示。

（3）人工手位胸外心脏按压的指示灯显示、液晶计数显示、语言提示等。

（4）口对口人工呼吸（吹气）的指示灯显示、液晶计数显示、语言提示等。

（5）检查瞳孔反应。模拟考核操作前和考核操作成功后瞳孔由散大到缩小的自动动态变化过程的真实体现。

（6）检查颈动脉反应。用手触摸检查，模拟按压操作过程中的颈动脉自动搏动反应，以及考核操作成功后颈动脉自动搏动反应的真实体现。

2. 设备操作方法

（1）将模拟人平躺仰卧放置在实训台上，再将实训装置中的控制器模块连接电源线，然后与模拟人体连接，如实训图 2 所示。

（2）完成连接过程后，打开控制器模块侧面的电源开关，此时模块响起语音提示："欢迎使用本公司产品，请选择工作方式"。

（3）选择好工作方式后有语音提示："请选择工作时间"。"训练" 工作方式的时间无限制，用户可以练习到任意时间。

（4）时间设定完成后，语音提示："请按启动按钮"，这时操作时间以倒计时的方式显示，即可按照触电急救的方法进行操作。

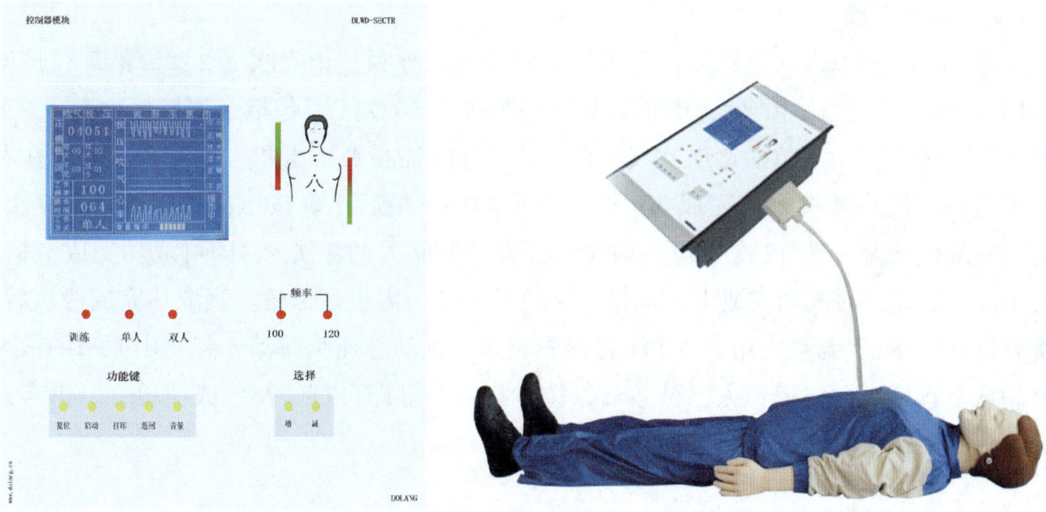

a） b）

实训图 2 控制器模块

a）控制器模块的面板 b）控制器模块与模拟人体的连接

（5）气道开放。将模拟人平躺，操作者一只手捏住模拟人的鼻子，另一只手从下巴将头托起往后仰 70° ~ 90°，使气道开放，以便于人工呼吸。

（6）人工呼吸。在进行口对口人工呼吸时，当操作者吹入的空气量达到 500 ~ 600 mL、吹气正确时，吹气正确数码计数 1 次。当操作者吹入的空气量小于 500 mL 或大于 600 mL、吹气错误时，吹气错误数码计数 1 次，并有语音提示："吹气不足" 和 "吹气过大" 等，需纠正错误后再操作。

（7）胸外心脏按压。首先找准胸部正确位置（参考胸外心脏按压法中按压位置的确定方法），双手交叉叠在一起，手臂垂直于模拟人胸部按压区，进行胸外心脏按压。若按压位置正确、按压深度正确，按压正确数码计数 1 次；若按压位置错误或按压深度错误，将有语音提示："按压位置错误" 或 "按压不足" "按压过大" 等，按压错误数码计数 1 次，需纠正错误后再操作。

（8）其他按键功能说明

1）"复位" 键。即选定工作方式，按程序操作，操作不成功或因其他原因需要重新操作时，应按一下 "复位" 键重新按先前设定好的方式操作。如需更改工作方式，应按住 "复位" 键 5 s 以上，即可重新选择工作方式。

2）"打印" 键。当训练或考核操作时间结束后，即可进行成绩打印，包括按压、吹气正确及错误次数，所需操作时间等功能打印，以供考试成绩评定及存档使用。在操作前，应先检查打印纸是否露出打印口，若没有，可按 "打印" 键，将打印纸露出打印口，以便操作结束后顺利进行成绩打印。若需更换打印纸，可打开盖板，取出打印机，更换打印纸。

3. 实训考核

首先，将模拟人气道打开，并进行口对口人工呼吸，正确吹气 2 次。然后，按国际标准按压、吹气比 30∶2，即正确胸外心脏按压 30 次（不包括错误按压次数）、正确人工呼吸 2 次（不包括错误吹气次数），进行胸外心脏按压和人工呼吸。要求在考核设定的时间内连续操作完成 30∶2 的 5 个循环。最后正确按压次数显示为 150 次，正确吹气次数显示为 12 次（包括最先气道开放时吹入的 2 次），即可成功完成考核。若不能在设定的时间内完成上述操作，则急救失败，需重新考核。当成功完成考核后，将有语音提示："急救成功"，并伴有音乐响起，颈动脉连续搏动，瞳孔由原来的散大自动恢复正常。此时模拟人已被救活，按"打印"键即可打印操作成绩单，以供考试成绩评定及存档使用。

巩固练习

1. 影响电对人体伤害程度的因素有哪些?
2. 什么叫安全电压? 我国规定的安全电压有哪些等级?
3. 何为电击? 如何区分电击和电伤?
4. 发生触电事故的主要原因有哪些?
5. 触电急救的要点是什么?
6. 发现触电者时如何使其脱离电源? 应注意什么?
7. 触电急救的方法有哪些?
8. 如何在电杆上或高处进行触电急救?
9. 电工特种作业人员从业的基本条件是什么?

第二章

安全防护技术及其应用

§2-1　屏护、间距及安全标志

学习目标

熟悉屏护、间距及安全标志。

党的二十大报告指出，要大力提高公共安全治理水平，坚持安全第一、预防为主，建立大安全大应急框架，完善公共安全体系，推动公共安全治理模式向事前预防转型。为了贯彻“安全第一、预防为主”的基本方针，从根本上杜绝触电事故的发生，必须在制度上、技术上采取一系列预防和保护性措施，这些措施统称为安全防护技术。

设置屏护和间距是最常用的电气安全措施之一。屏护和间距可以防止人体与带电部分直接接触，从而防止电击。此外，屏护和间距也可以防止短路、故障接地等电气事故的发生。

一、屏护

屏护是采用遮栏、栅栏、护罩、护盖等设施把危险的带电体同外界隔离开来的安全防护措施。屏护的特点是屏护装置不直接与带电体接触，对所用材料的电气性能无严格要求，但应有足够的力学强度和良好的耐火性能。

安全提示

电气安全有措施，
设置屏护和间距，
若要进入其区域，
首先断电防万一。

屏护装置按使用要求分为永久性屏护装置和临时性屏护装置，前者如配电装置的遮栏、开关的罩盖等；后者如检修工作中使用的临时屏护装置和临时设备的屏护装置等。屏护装置按使用对象分为固定屏护装置和移动屏护装置，如母线的护网就属于固定屏护装置，而跟随天车移动的天车滑触线屏护装置就属于移动屏护装置。常见的屏护装置见表 2–1–1。

表 2–1–1　常见的屏护装置

种　类	图　示	用　途	说　明
遮栏		遮栏用于室内高压配电装置。遮栏应牢固可靠；严禁移动遮栏	宜做成网状，网孔不宜大于 40 mm × 40 mm，也不应小于 20 mm × 20 mm。高度不低于 1.7 m，底部距地面不大于 0.1 m。金属遮栏必须妥善接地并加锁
栅栏		栅栏一般用于室外配电装置	高度不应低于 1.5 m；栅条高度和最低栏杆至地面的距离不应大于 200 mm。金属栅栏应可靠接地
保护网		用于明装裸导线或母线跨越通道时，防止高处坠落物体或上下碰触事故的发生	有铁丝网和铁板网等
移动屏护装置	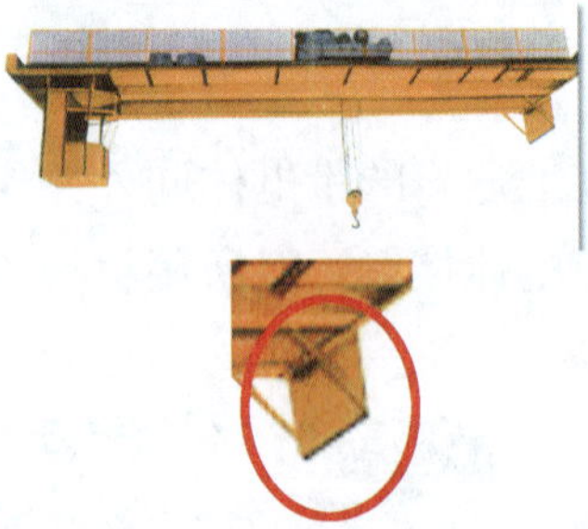	人体可能接近或触及的裸线、行车滑线、母线等	如图中圈内所示为桥式起重机的滑线屏护装置

屏护装置是简单装置，为了保证其有效性，须满足以下条件：

（1）屏护装置所用材料应具有足够的力学强度和良好的耐火性能，金属屏护装置必须可靠接地或接零。

（2）屏护装置应有足够的尺寸，与带电体之间应保持必要的距离。

（3）遮栏、栅栏等屏护装置上应有“止步，高压危险！”等标志。

（4）必要时应配合采用声光报警信号和联锁装置等。

二、间距

间距是指带电体与地面之间、带电体与其他设备和设施之间、带电体与带电体之间必要的安全距离。其距离的大小取决于电压高低、设备类型、安装方式和周围环境等。间距的作用是防止触电、火灾、过电压放电与各种短路事故，以及方便操作。

1. 线路安全距离

安全距离是为防止人体触及或接近带电体、防止车辆或其他物体碰撞或接近带电体等造成的危害而需要保持的距离。

（1）架空线路

架空线路一般采用多股绞线敷设，多股绞线具有以下优点：

第一，多股绞线的力学强度较高，当截面较大时，多股绞线在同一处都出现缺陷的概率很小。

第二，当截面较大时，多股绞线柔性高，制造、安装和存放都较容易。

第三，当导线受风力作用而产生振动时，多股绞线不易折断。

未经相关部门许可的情况下，架空线路不得跨越建筑物，架空线路与有爆炸、火灾危险的厂房之间应保持必要的防火距离，且不应跨越具有可燃材料层屋顶的建筑物。高压线走廊两侧不应有高大树木。

1）人在带电线路杆上工作时与带电导线的最小安全距离见表 2–1–2。

表 2–1–2　人在带电线路杆上工作时与带电导线的最小安全距离

电压等级（kV）	最小安全距离（m）	电压等级（kV）	最小安全距离（m）
10 及以下	0.70	220	3.00
20 ~ 35	1.00	330	4.00
60 ~ 110	1.50	500	5.00

2）架空线路与交通设施之间的最小安全距离见表 2–1–3。

表 2–1–3　架空线路与交通设施之间的最小安全距离

<table>
<tr><th colspan="2" rowspan="2">项　目</th><th colspan="2" rowspan="2">测量基点</th><th colspan="2">最小安全距离（m）</th></tr>
<tr><th>低　压</th><th>高　压</th></tr>
<tr><td rowspan="4">铁路
（标准轨距）</td><td rowspan="2">垂直</td><td colspan="2">轨道顶面</td><td>7.5</td><td>7.5</td></tr>
<tr><td colspan="2">承力索或接触线</td><td>3.0</td><td>3.0</td></tr>
<tr><td rowspan="2">水平</td><td rowspan="2">电杆外缘至轨道中心</td><td>交叉</td><td>5.0</td><td>5.0</td></tr>
<tr><td>平行</td><td colspan="2">杆高加 3.0</td></tr>
</table>

续表

项目		测量基点		最小安全距离（m）	
				低压	高压
铁路（窄轨）	垂直	轨道顶面		6.0	6.0
		承力索或接触线		3.0	3.0
	水平	电杆外缘至轨道中心	交叉	5.0	5.0
			平行	杆高加 3.0	
道路	垂直	路面		6.0	7.0
	水平	电杆至道路边缘		0.5	0.5
通航河流	垂直	50 年一遇洪水位		6.0	6.0
		最高航行水位的最高压顶		1.0	1.5
	水平	边导线至河岸上缘		最高电杆高度	
特殊管道（输送易燃易爆物的管道）	垂直	架空线在上方		1.5	3.0
		架空线在下方		1.5	—
	水平	边导线至索道		1.5	2.0
索道	垂直	架空线在上方		1.5	2.0
		架空线在下方		1.5	2.0
	水平	边导线至索道		1.5	2.0

注：若是在开阔地区，表中各项水平距离一般不应小于电杆高度；低压指 1 kV 以下，高压指 10 kV。

3）临近或交叉其他电力线工作的最小安全距离见表 2-1-4。

表 2-1-4　临近或交叉其他电力线工作的最小安全距离

电压等级（kV）	最小安全距离（m）	电压等级（kV）	最小安全距离（m）
10 及以下	1.0	154 ~ 220	4.0
35（20 ~ 44）	2.5	330	5.0
60 ~ 110	3.0	500	6.0

同杆架设时，电力线路应位于弱电线路的上方，高压线路应位于低压线路的上方。

《施工现场临时用电安全技术规范》（JGJ 46—2005）规定：高低压线路的下方，不得施工，不得建造临时设施，不得堆放物件及材料。在架空线路的一侧作业时，必须与线路保持安全操作距离。安全操作距离是指可以保证操作人员安全的距离。因施工现场的状况是动态变化的，例如，施工人员搬运脚手架、钢筋等物品时，容易外伸接近到外部线路，当接近到达到放电距离时，就会产生危险。安全操作距离应大于安全距离。

最小安全操作距离：1 kV 以下为 4 m，1 ~ 10 kV 为 6 m，35 kV 为 8 m，随线路电压的增加距离要求也越远。

为什么要这样规定呢？

第一，高压线路一般为裸线，没有绝缘保护，如果接触，则危险极大。

第二，高压线不同于低压线，即使没有接触，由于人体与线路过于接近，也会造成高压放电而产生危险。因为高压电可以将线路周围的空气电离而成为导体，其电压越高，电离空气的范围也越大，所以对于高压线路不但不能接触，而且不能过于接近。

（2）电缆线路

直埋电缆的埋设深度不应小于 0.7 m，并应位于冻土层之下。当电缆与热力管道接近时，电缆周围土壤的温升不应超过 10℃，超过时，须进行隔热处理。

电缆之间，电缆与管道、道路、建筑物之间平行和交叉时的最小安全距离见表 2–1–5。

表 2–1–5 电缆之间，电缆与管道、道路、建筑物之间平行和交叉时的最小安全距离

项目		最小安全距离（m）	
		平 行	交 叉
电力电缆之间及其与控制电缆之间	10 kV 及以下	0.10	0.50
	10 kV 以上	0.25	0.50
控制电缆之间		—	0.50
不同使用部门的电缆之间		0.50	0.50
电缆与热管道（管沟）及热力设备之间		2.00	0.50
电缆与油管道（管沟）之间		1.00	0.50
电缆与可燃气体及易燃液体管道（管沟）之间		1.00	0.50
电缆与其他管道（管沟）之间		0.50	0.50
电缆与铁路路轨之间		3.00	1.00
电缆与公路之间		1.50	1.00
电缆与城市街道路面之间		1.00	0.70
电缆与杆基础（边线）之间		1.00	—
电缆与建筑物基础（边线）之间		0.60	—
电缆与排水沟之间		1.00	0.50
电缆与电气化铁路路轨之间	交流	3.00	1.00
	直流	10.0	1.00

（3）室内低压线路

室内低压线路是指 1 kV 以下的动力和照明配电线路。室内低压线路有多种敷设方式，间距要求各不相同。室内低压线路与工业管道和设备之间的最小安全距离见表 2–1–6。

表 2–1–6 室内低压线路与工业管道和设备之间的最小安全距离 mm

管线形式		导线穿金属管	电 缆	明敷绝缘导线	裸母线	天车滑触线	配电设备
煤气道	平行	100	500	1 000	1 000	1 000	1 500
	交叉	100	300	300	500	500	—

续表

管线形式			导线穿金属管	电　缆	明敷绝缘导线	裸母线	天车滑触线	配电设备
乙炔管	平行		100	1 000	1 000	2 000	3 000	3 000
	交叉		100	500	500	500	500	—
氧气管	平行		100	500	500	1 000	1 500	1 500
	交叉		100	300	300	500	500	—
蒸气管	平行	上方	1 000	1 000	1 000	1 000	1 000	500
		下方	500	500	500	1 000	1 000	500
	交叉		300	300	300	500	500	—
通风管	平行		—	200	100	1 000	1 000	100
	交叉		—	100	100	500	500	—
上、下水道	平行		—	200	100	1 000	1 000	100
	交叉		—	100	100	500	500	—
设备	平行		—	—	—	1 500	1 500	—
	交叉		—	—	—	1 500	1 500	—
压缩空气管	平行		—	200	100	1 000	1 000	100
	交叉		—	100	100	500	500	—
暖、热水管	平行	上方	300	500	300	1 000	1 000	100
		下方	200	500	200	1 000	1 000	100
	交叉		100	100	100	500	500	—

2. 配电装置安全距离

（1）10 kV 及以下变电所室内外配电装置的最小安全距离见表 2–1–7。

表 2–1–7　10 kV 及以下变电所室内外配电装置的最小安全距离

符　号	适用范围	场　所	不同额定电压下的最小安全距离（mm）			
			<0.5 kV	3 kV	6 kV	10 kV
—	无遮栏裸带电部分至地（楼）面之间	室内	2 500 屏前 2 300 屏后	2 500	2 500	2 500
		室外	2 500	2 700	2 700	2 700
—	有 IP2X 防护等级遮栏的通道净高	室内	1 900	1 900	1 900	1 900
A	裸带电部分至接地部分和不同相的裸带电部分之间	室内	20	75	100	125
		室外	75	200	200	200
B	距地（楼）面 2 500 mm 以下裸带电部分的遮栏防护等级为 IP2X 时，裸带电部分与遮护物之间的水平净距	室内	100	175	200	225
		室外	175	300	300	300

续表

符 号	适用范围	场 所	不同额定电压下的最小安全距离（mm）			
			<0.5 kV	3 kV	6 kV	10 kV
—	不同时停电检修的无遮栏裸导体之间的水平距离	室内	1 875	1 875	1 900	1 925
		室外	2 000	2 200	2 200	2 200
—	裸带电部分至无孔固定遮栏	室内	50	105	130	155
C	裸带电部分至用钥匙或工具才能打开或拆卸的栅栏	室内	800	825	850	875
		室外	825	950	950	950
—	低压母排引出线或高压引出线的套管至屋外人行通道地面	室外	3 650	4 000	4 000	4 000

注：海拔超过 1 000 m 时，表中符号 A 项数值应按每升高 100 m 增大 1% 进行修正。B、C 两项数值应相应加上 A 项的修正值。

（2）10 kV 高压配电室内各种通道的最小宽度见表 2-1-8。

表 2-1-8　10 kV 高压配电室内各种通道的最小宽度

开关柜布置方式	柜后维护通道宽度（mm）	柜前操作通道宽度（mm）	
		固定式	手车式
单排布置	800	1 500	单车长度 +1 200
双排面对面布置	800	2 000	双车长度 +900
双排背对背布置	1 000	1 500	单车长度 +1 200

注：1. 固定式开关柜为靠墙布置时，柜后与墙净距离应大于 50 mm，侧面与墙净距离应大于 200 mm。
2. 建筑物墙面遇有柱类局部凸出时，凸出部位的通道宽度可减小 200 mm。

（3）低压配电屏前、后通道的最小宽度见表 2-1-9。

表 2-1-9　低压配电屏前、后通道的最小宽度

类 型	布置方式	屏前通道宽度（mm）	屏后通道宽度（mm）
固定式	单排布置	1 500	1 000
	双排面对面布置	2 000	1 000
	双排背对背布置	1 500	1 500
抽屉式	单排布置	1 800	1 000
	双排面对面布置	2 300	1 000
	双排背对背布置	1 800	1 000

注：当建筑物墙面遇有柱类局部凸出时，凸出部位的通道宽度可减小 200 mm。

三、安全标志

安全标志是通过颜色与几何形状的组合表达通用的安全信息，并且通过附加图形符号表达特定安全信息的标志。

1. 安全色及其含义

安全色是被赋予安全意义而具有特殊属性的颜色。我国《安全色》（GB 2893—2008）国家标准中采用了红、蓝、黄、绿四种颜色为安全色。其含义及用途举例见表 2-1-10。

表 2-1-10　安全色的含义及用途举例

颜　色	含　义	用途举例
红色	禁止、停止	禁止标志（禁止人们触动的部位）；停止信号（机器、车辆上的紧急停止手柄或按钮）；红色也表示防火
蓝色	指令	指令标志：必须佩戴个人防护用具；道路上指引车辆和行人行驶方向的指令
黄色	警告、注意	警告标志、警戒标志：厂内危险机器和坑池周围的警戒线；行车道中线；机械上齿轮箱内部；安全帽
绿色	通行、安全和提示信息	提示标志：车间内的安全通道；行人和车辆通行标志；消防设备和其他安全防护设备的位置

注：蓝色只有与几何图形同时使用时，才表示指令。

2. 导体色标

裸母线及电缆芯线的相序或极性标志见表 2-1-11。

表 2-1-11　裸母线及电缆芯线的相序或极性标志

类　别	导体名称	旧标准	新标准
交流电路	L1	黄	黄
	L2	绿	绿
	L3	红	红
	N	黑	淡蓝
直流电路	正极	红	棕
	负极	蓝	蓝
安全用接地线（PE）		黑	黄绿双色

注：按照国家标准和国际标准，黄绿双色线只能用作保护接地和保护接零线。

3. 电气安全标志的构成及分类

电气安全标志的用途是使人们迅速地注意到影响安全和健康的对象和场所，并使特定信息得到迅速理解。根据国家相关标

安全提示

安全标志做成牌，悬挂起来促安全。
禁止工作红白色，警告标志黄黑色，
有时指令蓝白色，也有提示底绿色。

准，安全标志由图形符号、安全色、几何形状（边框）或文字等构成。电气安全标志按用途主要分为禁止标志、警告标志、指令标志和提示标志四大类型，常悬挂于指定的场所。此外，还有为上述标志提供补充说明并起辅助作用的标志，通常称为辅助标志。在使用过程中，严禁拆除、更换和移动标志。

表 2–1–12 ~ 表 2–1–16 中所列的安全标志摘自《电气安全标志》（GB/T 29481—2013），该标准适用于工矿企业、建筑工地、厂内运输和其他有必要提醒人们注意安全的场所。

（1）禁止标志

禁止标志是禁止人们不安全行为的图形标志。禁止标志的基本形式是带斜杠的圆边框（其图形符号为黑色，背景为白色）。工矿企业中相关的禁止标志见表 2–1–12。

表 2–1–12 工矿企业中相关的禁止标志

图形标志	名 称	图形标志	名 称
	禁止烟火		禁止跨越
	禁止放易燃物		禁止靠近
	禁止启动		禁止用水灭火
	禁止合闸		禁止戴手套
	禁止触摸		禁止穿带钉鞋
	禁止攀登		禁止穿化纤服装

（2）警告标志

警告标志是提醒人们对周围环境引起注意，以避免可能发生危险的图形标志。警告标志的基本形式是三角形边框（其图形符号为黑色，背景为有警告含义的黄色）。工矿企业中相关的警告标志见表 2–1–13。

表 2–1–13　工矿企业中相关的警告标志

图形标志	名　称	图形标志	名　称
	注意安全		当心火灾
	当心爆炸		当心触电
	当心电缆		当心自动启动
	当心机械伤人		当心吊物
	当心烫伤		当心伤手
	当心扎脚		当心弧光
	当心电离辐射		当心激光
	当心微波		当心坠落

(3)指令标志

指令标志是强制人们必须做出某种动作或采用防范措施的图形标志。指令标志的基本形式是圆形边框(其图形符号为白色,背景为具有指令含义的蓝色)。工矿企业中相关的指令标志见表 2–1–14。

表 2–1–14 工矿企业中相关的指令标志

图形标志	名 称	图形标志	名 称
	必须戴防护眼镜		必须系安全带
	必须戴防护手套		必须穿防护服
	必须穿防护鞋		必须戴安全帽
	必须加锁		必须戴防护帽
	必须接地		必须拔出插头

(4)提示标志

提示标志是向人们提供某种信息(如标明安全设施或场所等)的图形标志。提示标志的基本形式是正方形边框(其图形符号及文字为白色,背景为绿色)。工矿企业中相关的提示标志见表 2–1–15。

表 2-1-15　工矿企业中相关的提示标志

图形标志	名　称	图形标志	名　称
	紧急出口（左向）		紧急出口（右向）
	避险处		可动火区
	带中性点的三相交流电		Ⅱ类设备
	适合带电作业		过电压保护装置
	紧急停止		最小供电容量
	耐短路的安全隔离变压器		耐短路的Ⅲ类手持灯用变压器

（5）辅助标志

辅助标志主要有方向辅助标志和文字辅助标志两大类。

1）方向辅助标志。当提示目标的位置时要加方向辅助标志，其应用实例见表 2-1-16。

2）文字辅助标志。文字辅助标志的基本形式是矩形边框。文字辅助标志有横写和竖写两种形式，其应用实例见表 2-1-16。

表 2–1–16 方向辅助标志和文字辅助标志应用实例

类 型	图形标志实例	说 明
方向辅助标志	 	按实际需要指示左向时，辅助标志应放在图形标志的左方；若指示右向时，则应放在图形标志的右方
横写的文字辅助标志	 	文字标志写在标志的下方，可以和标志连在一起，也可以分开。禁止标志、指令标志为白色字；警告标志为黑色字。禁止标志、指令标志衬底色为标志的颜色，警告标志衬底色为白色
竖写在标志杆上部的文字辅助标志	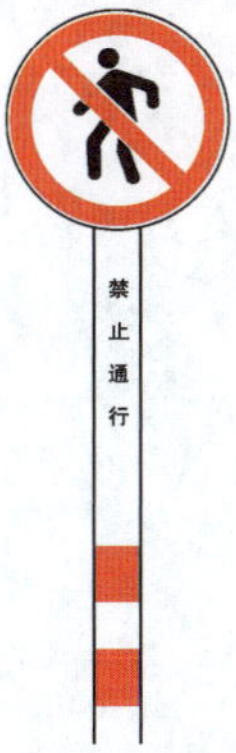 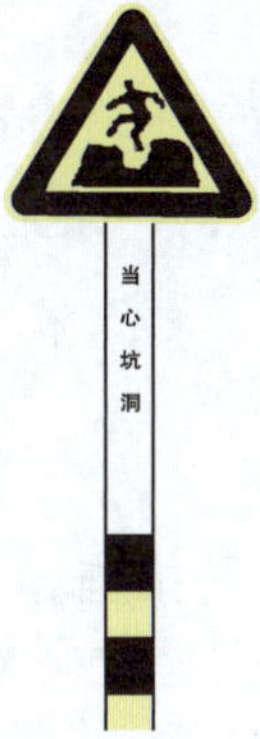 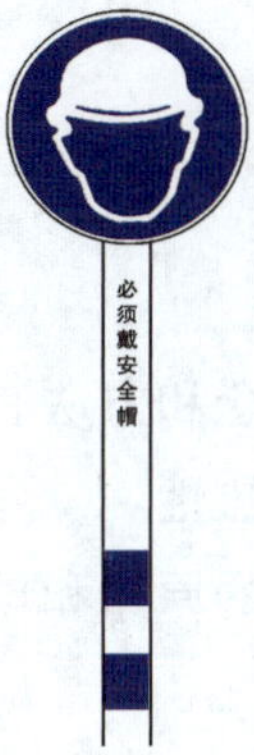 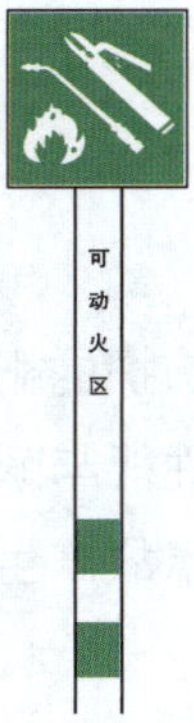	文字辅助标志写在标志杆的上部。禁止标志、警告标志、指令标志、提示标志均为白色衬底，黑色字。标志杆下部色带的颜色应和标志的颜色相一致

4. 安全标志牌

电工作业中经常用到的安全标志牌也属于电力安全标志，常用安全标志牌的类型、图形标志、尺寸和式样见表 2–1–17。

表 2–1–17 常用安全标志牌的类型、图形标志、尺寸和式样

类 型	图形标志	尺寸（mm）	式 样
禁止类		200 × 100 或 80 × 50	白底红字
			红底白字
允许类		250 × 250	绿底，中间有直径为 210 mm 的白色圆圈，圈内写黑字

续表

类 型	图形标志	尺寸（mm）	式 样
警告类		250×200	白底红边，黑字，有红色箭头

§2-2 绝缘防护

学习目标

1. 理解绝缘防护的概念和方法。
2. 熟悉电气性能与耐热性。
3. 熟悉绝缘事故产生的原因和预防措施。

为了避免因带电体与其他带电体、导电体或人体等接触而发生短路、触电等事故，必须将带电体绝缘。绝缘是指使用不导电的物质将带电体隔离或包裹起来，以对触电起保护作用的一种安全措施。

绝缘通常可分为气体绝缘、液体绝缘和固体绝缘三种。由于气体绝缘和液体绝缘都不能阻挡人体的触及，所以只在特定场合下应用。电气绝缘一般都采用固体绝缘。

一、绝缘防护

绝缘防护是最基本的安全防护措施之一。绝缘材料是用于阻止导电元件之间电传导的材料。所谓绝缘防护就是使用绝缘材料将带电导体封护或与人体隔离，使电气设备及线路能正常工作，防止人身触电事故的发生。导线的绝缘层，线路中使用的绝缘子、绝缘胶带，以及电线管、工具的绝缘手柄等，都是绝缘防护实例（表 2-2-1）。

安全提示

绝缘防护是关键，
人身安全命相连。
高温高热易老化，
勤检勤验把好关。

表 2-2-1 绝缘防护实例

类 型	图 例	说 明
电线电缆的绝缘层	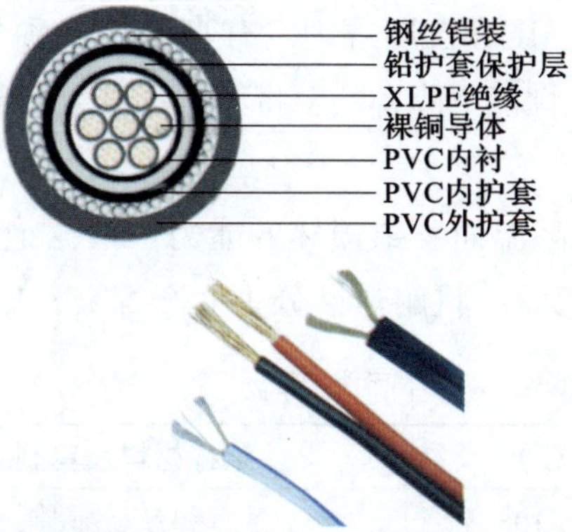	电线电缆绝缘层的主要作用是电绝缘，但对于没有保护层和使用时经常移动的电线电缆，它还起到机械保护的作用。绝缘层大多采用橡胶和塑料，它们的耐热等级决定了电线电缆的允许工作温度
绝缘胶带	 PVC 绝缘胶带  防水绝缘胶带	PVC 绝缘胶带具有绝缘、防水等功能，应用较广泛，但其延展性较差 防水绝缘胶带是一种专为电力电缆和通信电缆行业设计的绝缘胶带，具有良好的防水、绝缘性，可为电气线路提供可靠的防水密封和优良的抗紫外线保护
绝缘子	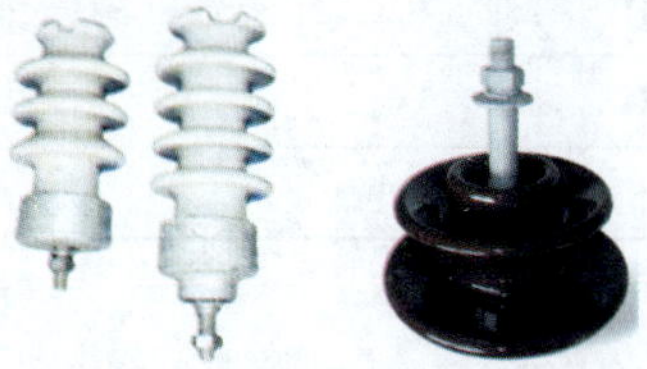	绝缘子用来紧固导线，保护导线对地的绝缘。绝缘子分为低压绝缘子和高压绝缘子两种
电线管	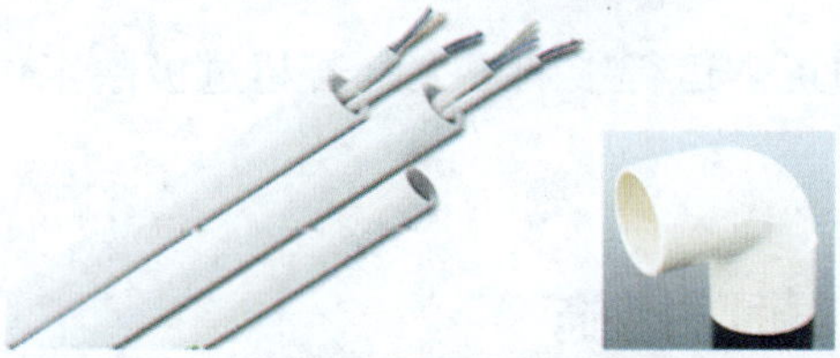	电线管配线有耐潮、耐腐蚀、导线不易受机械损伤等优点，广泛应用于室内外照明和动力线路的明、暗装配线
工具的绝缘手柄		电工常用工具应具有性能良好的绝缘手柄。使用工具前，必须检查绝缘手柄是否完好。如果绝缘手柄损坏，进行带电作业时容易发生触电事故

二、绝缘性能

绝缘材料所具备的绝缘性能一般是指其承受的电压在一定范围内所具备的性能。绝缘性能包括电气性能、力学性能、热性能（如耐热性、耐寒性、耐热冲击稳定性、耐弧性、软化点、黏度等）、吸潮性能、化学稳定性以及抗生物性，其中最主要的是电气性能和耐热性。绝缘材料良好的绝缘性能是人身和设备安全的保证。

1. 电气性能

绝缘材料的电气性能主要表现在电场作用下材料的导电性能、介电性能及绝缘强度。电气性能的好坏与电压的高低、环境的温度和湿度等因素有直接的关系。高压强电场、高温和潮湿的环境都能使绝缘材料的电气性能下降，甚至将其击穿发生漏电或短路事故。

2. 耐热性

耐热性是指绝缘材料及其制品承受高温而不致损坏的能力。根据绝缘材料长期正常工作所允许的最高温度（极限工作温度），将耐热性分为七个等级，见表 2–2–2。

表 2–2–2　绝缘材料的耐热等级

耐热等级	ATE 或 RTE①（℃）		绝缘材料及其制品举例
90（Y）	≥ 90	＜ 105	棉纱、布带、纸
150（A）	≥ 105	＜ 120	黄（黑）蜡布
120（E）	≥ 120	＜ 130	玻璃布、聚酯薄膜
130（B）	≥ 130	＜ 155	黑玻璃漆布、聚酯漆包线
155（F）	≥ 155	＜ 180	云母带、玻璃漆布
180（H）	≥ 180	＜ 200	有机硅云母制品、有机硅玻璃漆布
200（N）	≥ 200	＜ 220	纯云母、陶瓷、聚四氟乙烯
220（R）	≥ 220	＜ 250	—
250②	250	＜ 275	—

注：① ATE 为预估耐热指数，RTE 为相对耐热指数。
② 耐热等级超过 250 的可按 25 间隔递增的方式表示。

绝缘材料的耐热性对电气设备的正常运行影响很大，若超过极限工作温度运行，会大大加速绝缘材料的老化。

三、绝缘事故产生的原因和预防措施

1. 绝缘事故产生的原因

所谓绝缘事故，是指由于绝缘的破坏而造成的漏电或短路事故。绝缘破坏的形式主要有绝缘击穿、绝缘老化和绝缘损坏。

（1）绝缘击穿

绝缘击穿是指绝缘材料在强电场作用下遭到急剧破坏而丧失绝缘性能的现象。当绝缘材料承受的电压超出了相应的范围时，就会出现击穿现象。

（2）绝缘老化

绝缘老化是指绝缘材料受热、电、光、氧、机械力（包括超声波）、辐射线、微生物等因素的长期作用，产生一系列不可逆的物理变化和化学变化，导致绝缘材料的电气性能和力学性能劣化的现象。绝缘老化的过程十分复杂，主要表现为热老化和电老化。

1）热老化。一般在低压电气设备中，促使绝缘材料老化的主要因素是热。其热源可能是内部的，也可能是外部的。每种绝缘材料都有其极限耐热温度，当超过这一极限耐热温度时，其老化将加剧，电气设备的使用寿命就会缩短。

2）电老化。电老化主要是由局部放电引起的。在高压电气设备中，促使绝缘材料电老化的主要原因是局部放电。局部放电时产生的臭氧、氮氧化物、高速粒子都会降低绝缘材料的性能，局部放电还会使材料局部发热，促使材料性能恶化。

（3）绝缘损坏

绝缘损坏是指由于不正确地选用绝缘材料、不正确地进行电气设备及线路的安装以及不合理地使用电气设备等，导致绝缘材料受到外界腐蚀性液体、气体、潮气、粉尘的污染和侵蚀，或受到外界热源、机械因素的作用，在较短或很短的时间内失去其电气性能或力学性能的现象。

2. 预防绝缘事故的措施

（1）避开有腐蚀性物质和高温的场所。

（2）正确安装电气线路和使用电气设备，保持过流、过热保护装置完好。

（3）严禁乱拉、乱扯，防止机械性损伤绝缘物。

（4）应采取防止小动物损伤绝缘的措施。

（5）不使用质量不合格的电气产品。

（6）按照规定的周期和项目对电气设备进行绝缘预防性试验。

§2-3 保护接地

学习目标

1. 熟悉接地的基本概念。
2. 掌握保护接地的原理及应用。
3. 熟悉接地电阻的选取原则。

保护接地是应用最广泛的安全措施之一，不论是交流设备还是直流设备，不论是高压设备还是低压设备，都采用保护接地作为必须的安全技术措施。

一、接地的基本概念

所谓接地，就是将设备的某一部位经接地装置与大地紧密连接起来。

根据接地的目的不同，接地可分为工作接地、保护接地、重复接地和防雷接地等，见表 2-3-1。

表 2-3-1　接地的分类

类　型	定　义	图　示	举　例
工作接地	为了电路或设备达到运行要求的接地，如变压器低压中性点的接地，称为工作接地	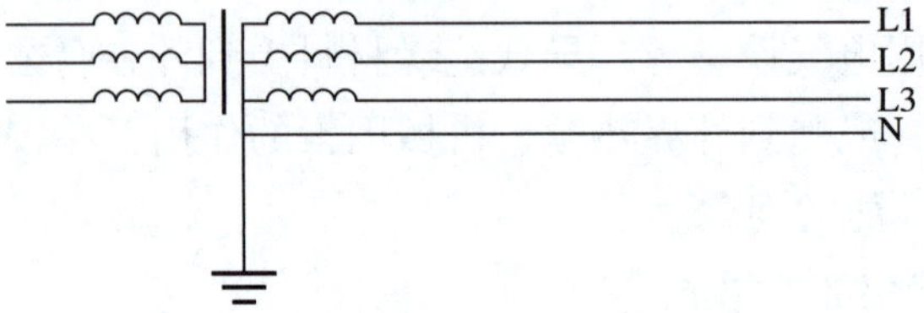	变压器的中性点接地
保护接地	为了电气安全，将系统、装置或设备的一点或多点接地，称为保护接地。保护接地的电阻一般不大于 4 Ω	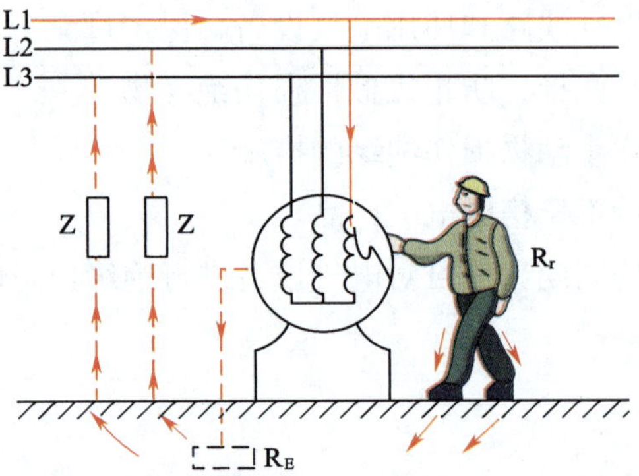	用电设备金属外壳保护接地
重复接地	保护中性线上一处或多处通过接地装置与大地再次连接的接地，称为重复接地。重复接地的电阻应小于 10 Ω	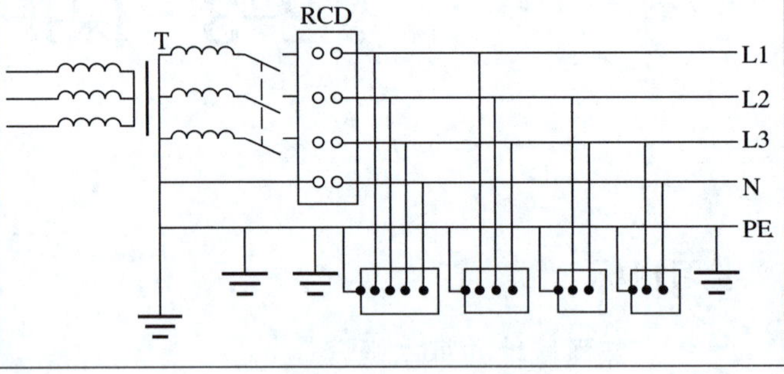	在中性点直接接地的系统中，在中性线上的某一处或多处再重复接地
防雷接地	防雷装置（避雷针、避雷器、避雷线等）的接地，称为防雷接地	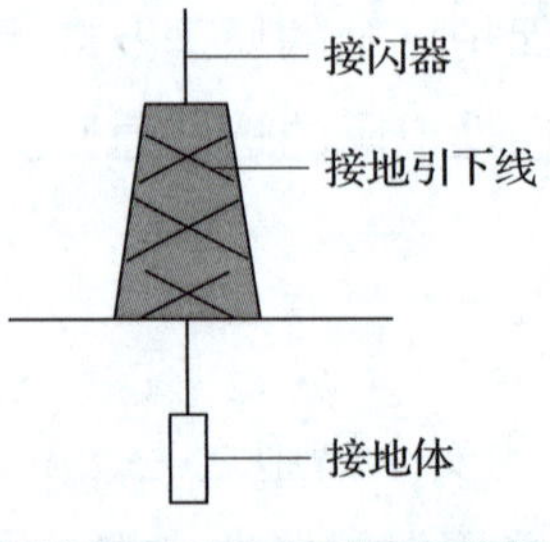	防雷装置的接地

小提示

RCD（residual current device），即剩余电流装置，又称为剩余电流动作保护器。剩余电流等于被保护回路内相线和中性线电流瞬时值的代数和（其中包括中性线中的三相不平衡电流和谐波电流）。剩余电流即为正常工作时的泄漏电流和发生故障时的接地故障电流。

二、保护接地的原理及应用

1．保护接地的原理

如果电气设备未采用保护接地，当某一部分的绝缘损坏或某一相线碰及金属外壳时，电气设备的金属外壳将带电，人体若触及该绝缘损坏的电气设备金属外壳（构架），就会有触电危险（图 2–3–1）。

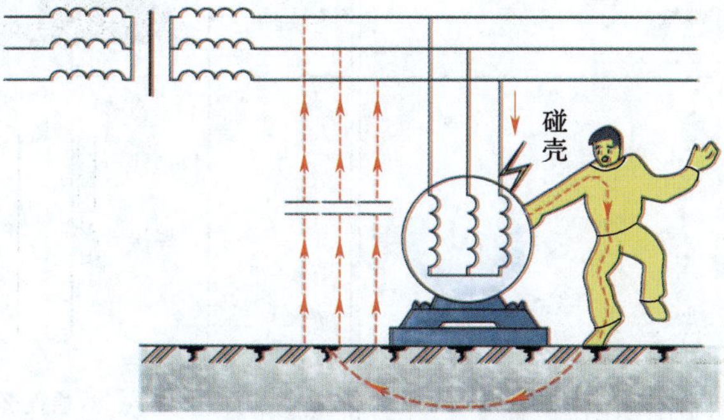

图 2–3–1　绝缘损坏的电气设备导致人体触电

若电气设备采用了保护接地，则在出现单相接地短路或漏电故障时，线路中会产生较大的短路电流或漏电电流，从而使上级保护器件（断路器）动作脱扣，自动切断故障线路电源，以便及时发现并进行检查和维修，这样就避免了电气设备漏电状态运行对人体（或设备）构成的威胁。

2．保护接地的应用实例

保护接地的应用实例见表 2–3–2。

表 2–3–2　保护接地的应用实例

应用实例	图示	应用实例	图示
电机的金属底座和外壳接地	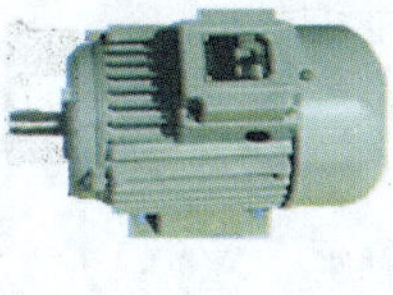 	电机接线盒中的接地螺栓和接地牌	 

续表

应用实例	图示	应用实例	图示
室内外配电装置的金属或钢筋混凝土构架接地		携带式或移动式用电器具金属外壳接地	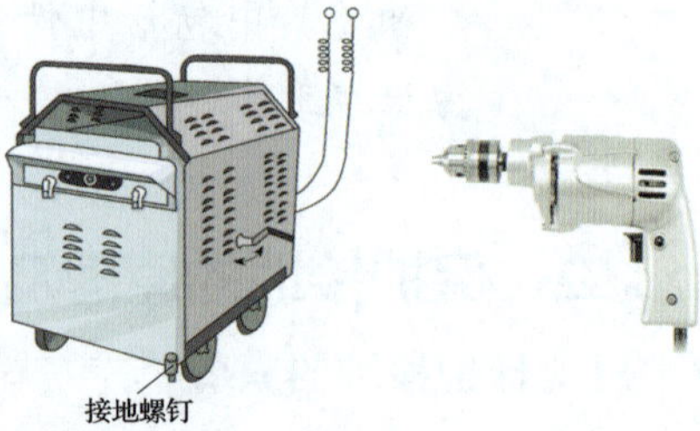
配电柜的金属框架和底座接地	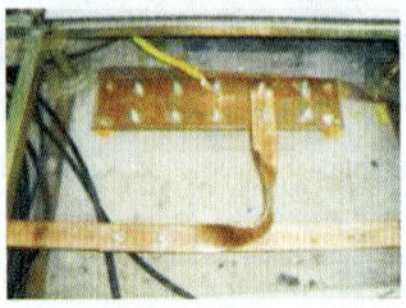	控制柜、操作台等的金属框架接地	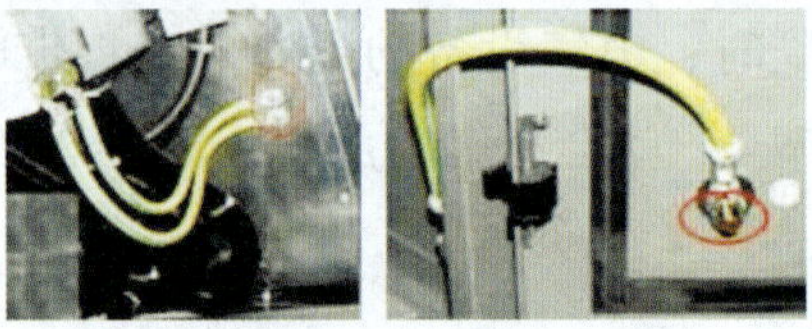
变压器外壳接地	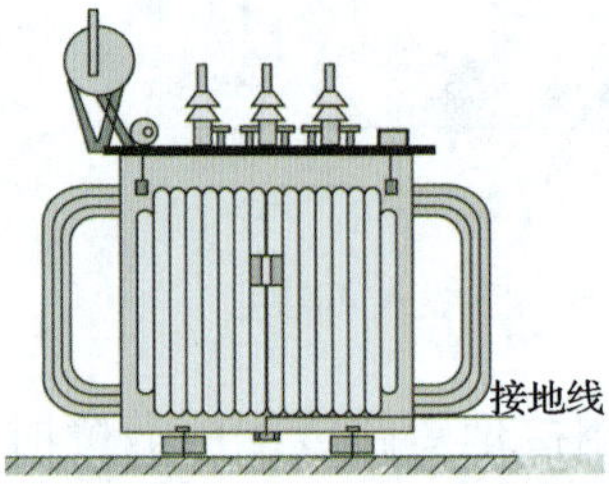	电线管（钢管）接地	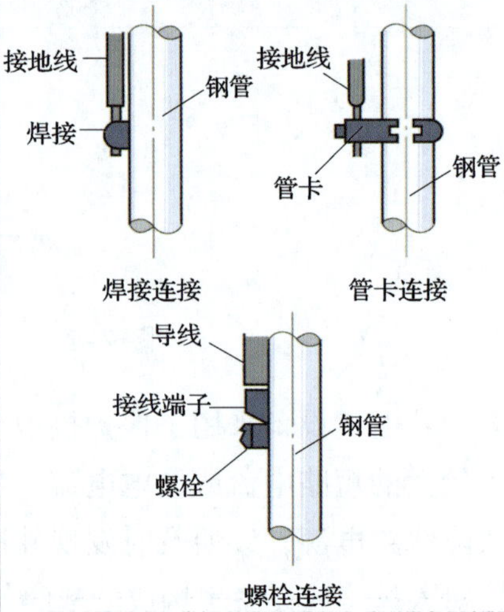
金属软管接地	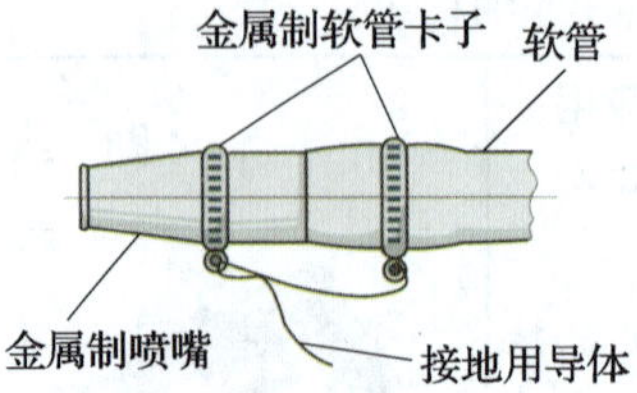	家用电器的金属外壳接地	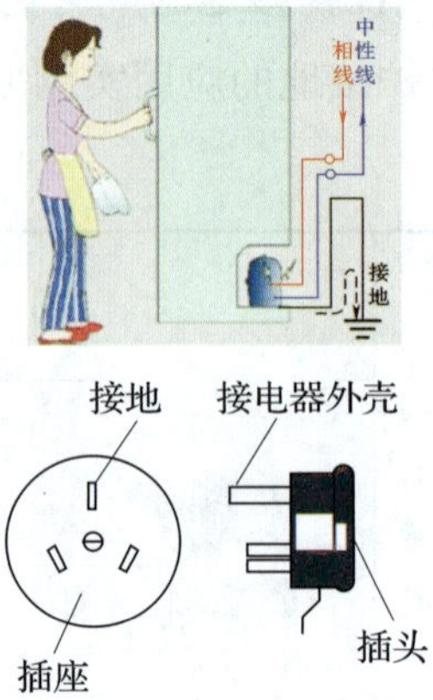

电气设备下列金属部分，除另有规定外，可不接地：

（1）在木质、沥青等不良导电地面，无裸露接地导体的干燥房间内，交流额定电压为 380 V 及以下，直流额定电压为 440 V 及以下的电气设备的金属外壳，但当有可能同时触及上述电气设备外壳和已接地的其他物体时，则仍应接地。

（2）在干燥场所、交流额定电压为 127 V 及以下、直流额定电压为 110 V 及以下的电气设备的外壳。

（3）安装在配电屏、控制屏和配电装置上的电气测量仪表、继电器和其他低压电器等的外壳，以及当发生绝缘损坏时不会在支持物上引起危险电压的绝缘子的金属底座等。

（4）安装在已接地金属框架上的设备，如穿墙套管等（但应保证设备底座与金属框架接触良好）。

（5）额定电压为 220 V 及以下蓄电池室内的金属支架。

（6）由发电厂、变电所和工业企业区域内引出的铁路轨道。

（7）与已接地的机床、机座之间有可靠电气接触的电动机和电器的外壳。

此外，木结构或木杆塔上方的电气设备的金属外壳一般也不必接地。

三、接地电阻

1. 低压设备的接地电阻

在 380 V 不接地低压系统中，单相接地电流很小，为了限制设备漏电时外壳对地电压不超过安全范围，一般要求保护接地电阻 $R_E \leqslant 4\ \Omega$。

当配电变压器或发电机的容量不超过 100 kV · A 时，由于配电网分布范围很小，单相故障接地电流更小，可以放宽对接地电阻的要求，取 $R_E \leqslant 10\ \Omega$。

2. 高压设备的接地电阻

安全提示

接地装置接地线，
泄雷降压防触电，
金属设备均接地，
电阻防腐要合理。

（1）小接地短路电流系统

在小接地短路电流系统中，如果高压设备与低压设备共用接地装置，要求设备对地电压不超过 120 V，其接地电阻应不超过 10 Ω。

（2）大接地短路电流系统

在大接地短路电流系统中，由于接地短路电流很大，很难限制设备对地电压不超过某一范围，通常是靠线路上的速断保护装置切除接地故障。接地电阻应为：

$$R_E \leqslant \frac{2\,000}{I_E}$$

式中，I_E 为接地短路电流。当 $I_E > 4\,000$ A 时，可采用 $R_E \leqslant 0.5\ \Omega$。

§2-4 保护接零和重复接地

学习目标

1. 熟悉 TN 系统的安全原理及类别。
2. 了解重复接地的作用和要求。
3. 了解保护接零的应用范围。

低压配电接地系统分为 IT 系统、TT 系统、TN 系统三种形式。电源中性点直接接地，电气设备的外露可导电部分通过保护导体与电源中性点直接进行电气连接的系统，称为 TN 系统。电源中性点直接接地，电气设备的外露可导电部分也直接接地（但这两个接地必须是相互独立的）的系统，称为 TT 系统。电源中性点不接地或通过高阻抗接地，电气设备的外露可导电部分接地的系统，称为 IT 系统。由于保护接零和保护接地都是防止间接接触电击的安全措施，做法上又存在一些相似之处，因此没有严格区分这两种措施。保护接零有利于明确区分不接地配电网中的保护接地，有利于区分中性线和零线，还有利于区分工作零线和保护零线，有其独特的科学性。

一、TN 系统的安全原理及类别

TN 系统中的字母 N 表示电气设备在正常情况下不带电的金属部分与配电网中性点之间金属性的连接。亦即与配电网保护零线（保护导体）的紧密连接，这种做法就是保护接零。或者说 TN 系统就是配电网低压中性点直接接地、电气设备接零的保护接零系统。

安全提示

TN 系统优先选，
工厂供电保安全。
三种方式均可靠，
PE 和 N 要接牢。

1．保护接零的原理

保护接零的原理如图 2-4-1 所示。当某相带电部分碰到设备外壳（即外露可导电部分）时，通过设备外壳形成该相对零线的单相短路，短路电流能促使线路上的短路保护元件如熔断器、断路器等迅速动作，从而把故障部分的设备断开，以消除电击危险。

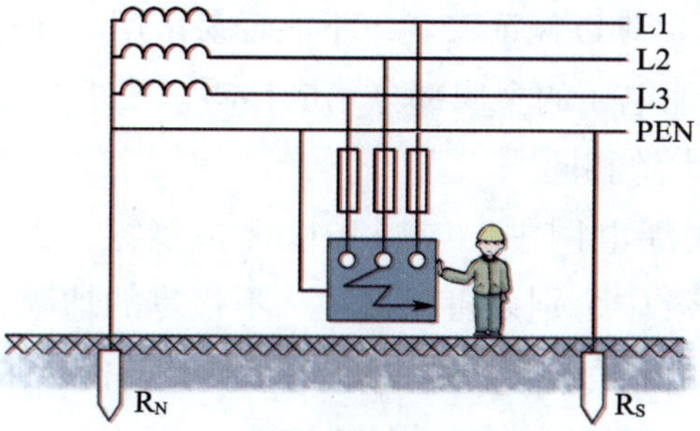

图 2-4-1 保护接零的原理

在三相四线配电网中，应当区别工作零线和保护零线。前者即中性线，用 N 表示；后者即保护导体，用 PE 表示。如果一根线既是工作零线又是保护零线，则用 PEN 表示。

2. 保护接零的分类

TN 系统（保护接零系统）分为 TN–S、TN–C–S、TN–C 三种类型，见表 2-4-1。

表 2-4-1 TN 系统的分类

类 型	图 示	说 明
TN–S	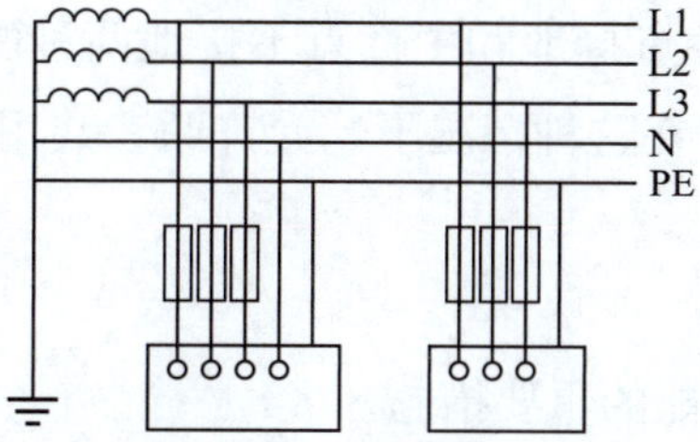	保护零线与工作零线完全分开。此系统可用于爆炸危险、火灾危险性较大或安全要求较高的场所，宜用于独立附设变电站的车间
TN–C–S	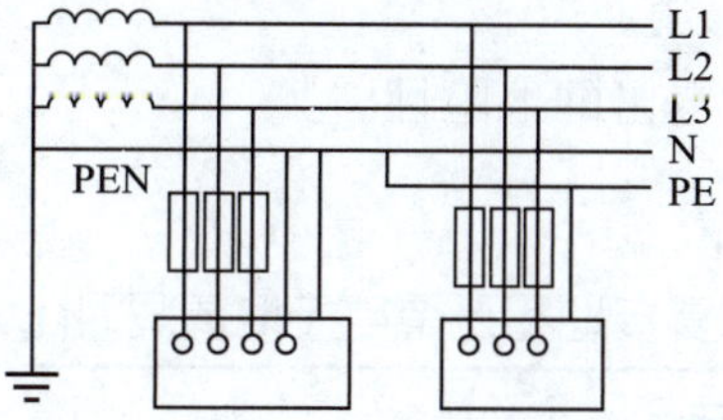	干线部分的前面部分保护零线与工作零线共用，后面部分分开。此系统宜用于厂内设有总变电站、厂内低压配电的场所及民用楼房
TN–C	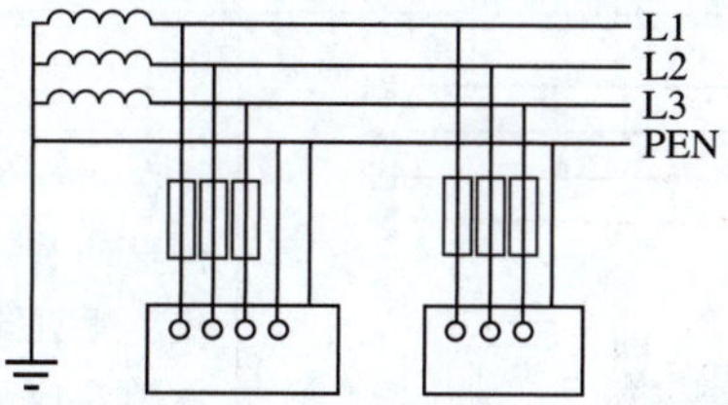	干线部分保护零线与工作零线完全共用。此系统可用于无爆炸危险、火灾危险性不大、用电设备较少、用电线路简单且安装条件较好的场所

二、保护接零的应用范围

保护接零用于中性点直接接地的 220/380 V 三相四线配电网。在这种配电网中，接地保护方式（TT 系统）难以保证安全，不能轻易采用。在这种系统中，凡是因绝缘损坏而可能出现危险对地电压的金属部分均应接零。要求接零和不要求接零的设备及部位与保护接地的要求大致相同。

在接地的三相四线配电网中，应当采取保护接零。但在现实中往往会出现如图 2–4–2 所示的接零系统中个别设备只接地、不接零的情况，即在 TN 系统中个别设备构成 TT 系统。这种情况是不安全的，除非接地的设备或区段装有快速切断故障的保护装置，否则，不得在 TN 系统中混用 TT 方式。

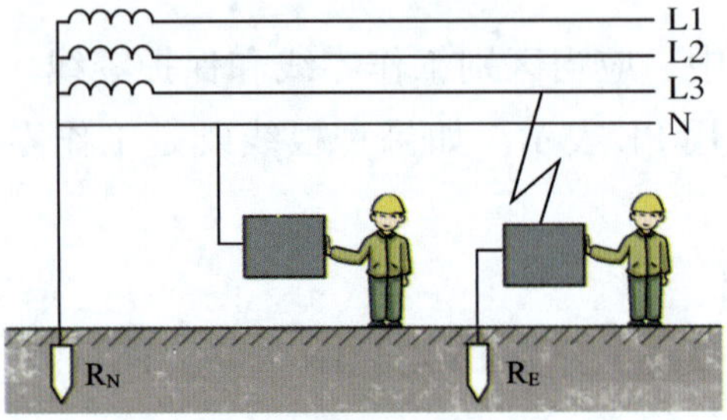

图 2–4–2　接零系统中个别设备只接地、不接零

将接地设备的外露金属部分同保护零线连接起来，构成 TN 系统，对安全是有益无害的。在同一建筑物内，如有中性点接地和中性点不接地两种配电方式，则应分别采用保护接零措施和保护接地措施。在这种情况下，允许两者共用一套接地装置。

三、重复接地

重复接地是提高 TN 系统安全性能的重要措施。

1. 重复接地的作用

（1）减轻零线断开或接触不良时电击的危险性

有重复接地和无重复接地对比见表 2–4–2。

表 2–4–2　有重复接地和无重复接地情况对比

类　型	图　示	说　明
无重复接地	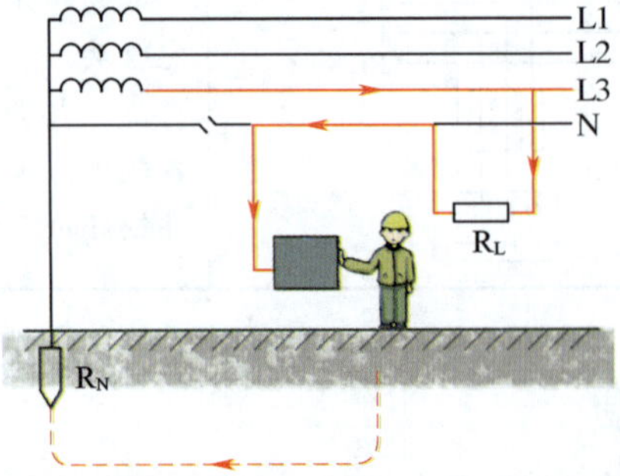	在两相停止供电、仅一相保持供电的特殊情况下，如果零线断线，电流经过该相负荷、人体、工作接地构成回路。因为人体电阻较大，所以大部分电压降在人体上，造成触电危险

续表

类型	图示	说明
无重复接地	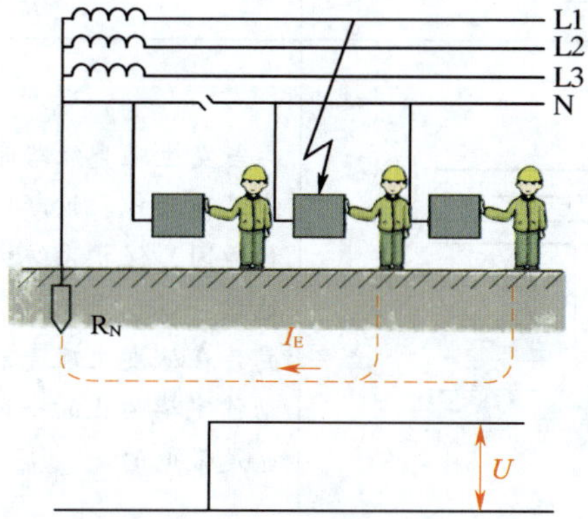	当零线断开，后方又有某一设备发生某相接地时，故障电流经过触及设备的人体和工作接地构成回路。因为人体电阻比工作接地电阻大得多，所以在断线处以后的电路中，人体几乎承受全部的相电压
有重复接地	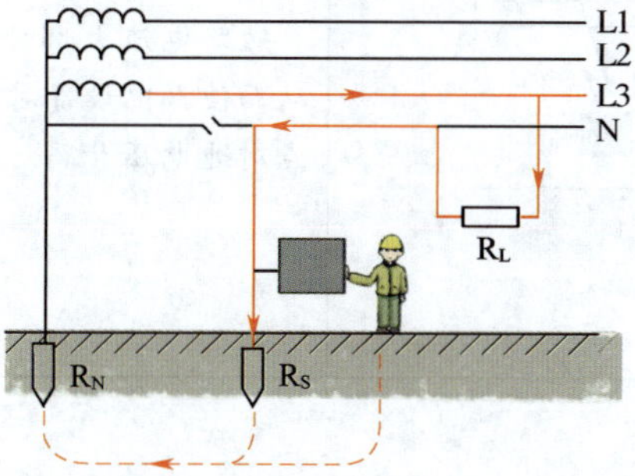	零线或设备上装有重复接地，则设备对地电压即为重复接地上的电压降。一般情况下，R_S与R_L和R_N相比不会是太大的数值，其电压降只是电源相电压的一部分，从而减轻或消除了触电的危险性
	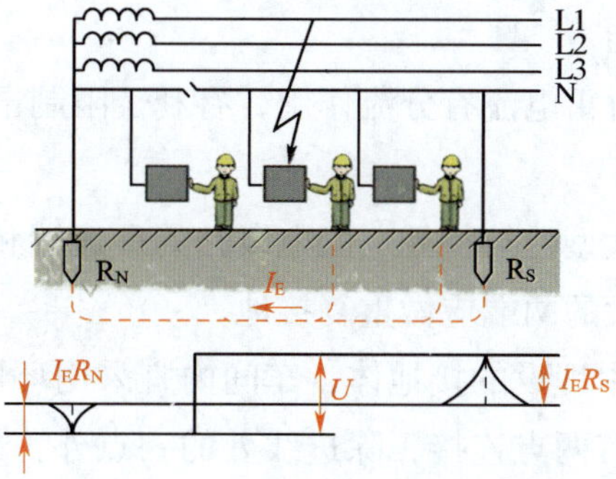	较大的故障电流经过R_S和R_N构成回路。在断线处以后，设备对地电压$U_{SE}=I_ER_S$；在断线处以前，设备对地电压$U_{NE}=I_ER_N$。因为U_{SE}和U_{NE}都小于相电压，所以事故严重程度一般都会减轻一些

（2）降低漏电设备的对地电压

与一般接地措施一样，重复接地也有降低漏电设备对地电压的作用，见表 2-4-3。

表 2-4-3　有重复接地和无重复接地情况对比

类　型	图　示	说　明
无重复接地	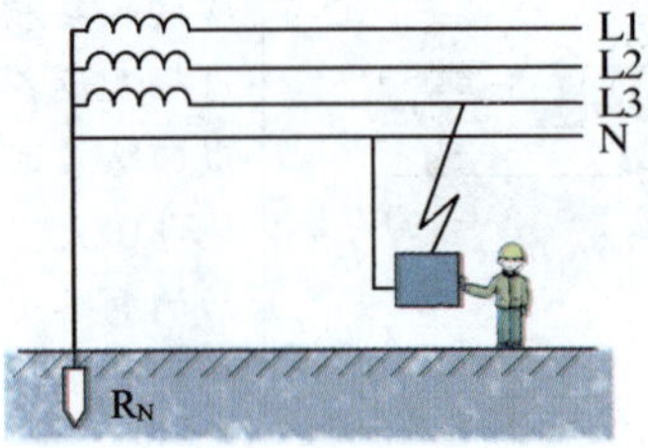	当发生碰壳短路时，线路保护元件应能迅速动作，切断电源。但是，若因某种原因，保护系统失灵，则危险状态将延续下来。即使保护接零系统没有失灵，在从发生碰壳短路起，到保护元件动作完毕为止的一段时间内，设备外壳也是带电的
有重复接地	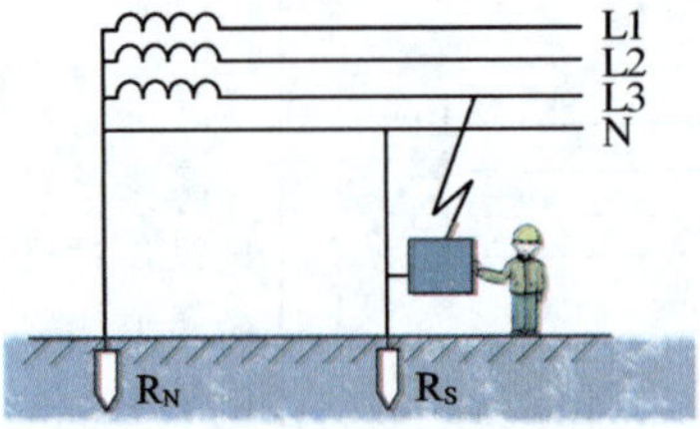	短路电流大部分通过零线形成回路，从而使漏电设备对地电压降低，而中性点对地电压升高，则触电危险可以减轻

（3）缩短漏电故障持续时间

因为重复接地和工作接地构成零线的并联分支，所以当发生短路时，能增大单相短路电流，而且线路越长，效果越显著，这就加速了线路保护装置的动作，缩短了漏电故障持续时间。

（4）改善架空线路的防雷性能

架空线路零线上的重复接地对雷电流有分流作用，有利于限制雷电过电压。

2. 重复接地的要求

电缆或架空线路引至车间或大型建筑物处、配电线路的最远端和每 1 km 处，以及高低压线路同杆架设时，共同敷设的两端应做重复接地。

线路上的重复接地宜采用集中埋设的接地体，车间内宜采用环形重复接地或网络重复接地。零线与接地装置至少有两点连接，除进线处的一点外，其对角线最远点也应连接，而且若车间线路过长（超过 400 m），每 200 m 处应有一点连接。

一个配电系统可敷设多处重复接地，并尽量均匀分布，以等化各点电位。

§2-5 接地装置

学习目标

1. 了解常用的接地装置。
2. 能对接地装置进行检查和维护。

接地装置是接地体（极）和接地线的总称。运行中电气设备的接地装置应当始终保持良好的状态。

一、接地体

接地体分为自然接地体和人工接地体两种。

1．自然接地体

自然接地体是指兼有接地功能、但不是为此目的而专门设置的，且与土壤保持紧密接触的金属导体。例如，埋设在地下的金属管道（有可燃或爆炸性介质的管道除外）、金属井管，与大地有可靠连接的建筑物的金属结构、水工构筑物及类似构筑物的金属管、桩等自然导体均可用作自然接地体。利用自然接地体不但可以节省钢材和施工费用，还可以降低接地电阻，并能等化地面及设备间的电位。如果有条件，应当优先选用自然接地体。

当自然接地体的接地电阻符合要求时，可不敷设人工接地体（发电厂和变电所除外）。在利用自然接地体的情况下，应考虑到自然接地体拆装或检修时，接地体被断开，断口处出现的电位差及接地电阻发生变化的可能性。自然接地体至少应有两根导体在不同地点与接地网相连（线路杆塔除外）。利用自来水管及电缆的铅、铝铠皮作为接地体时，必须取得相关主管部门同意，以便互相配合施工和检修。

2．人工接地体

人工接地体可采用钢管、角钢、圆钢或废钢铁等制成。人工接地体宜采用垂直埋设，多岩石地区可采用水平埋设。垂直埋设的接地体可采用直径为 40 ~ 50 mm 的钢管或 40 mm × 40 mm × 4 mm ~ 50 mm × 50 mm × 5 mm 的角钢，可以成排布置或环形布置。水平埋设的接地体可采用 40 mm × 4 mm 的扁钢或直径为 16 mm 的圆钢，多呈放射形布置，也可成排布置或环形布置。

变电所经常采用以水平接地体为主的复合接地体，即人工接地网。复合接地体的外缘应闭合，并做成圆弧形。

为了保证人工接地体有足够的力学强度，并考虑到防腐蚀的需要，对钢质接地体的最小尺寸有一定要求，具体见表 2–5–1。

表 2–5–1　对钢质接地体的最小尺寸要求

接地体材质	参　数	地　上		地　下	
		室　内	室　外	交　流	直　流
圆钢	直径（mm）	6	8	10	12
扁钢	截面积（mm^2）	60	100	100	100
	厚度（mm）	3	4	4	6
角钢	厚度（mm）	2.0	2.5	4.0	6.0
钢管	管壁厚度（mm）	2.5	2.5	3.5	4.5

注：电力线路杆塔接地体的引出线应镀锌，且截面积不得小于 50 mm^2。

二、接地线

交流电气设备应优先利用自然导体作接地线。在没有爆炸危险的环境中，如自然接地线有足够的截面积，可不再另行敷设人工接地线。如果车间电气设备较多，宜敷设接地干线。

各电气设备外壳分别与接地干线连接，而接地干线经两条连接线与接地体连接；各电气设备的接地支线应单独与接地干线或接地体相连，不应串联连接。接地线的最小尺寸不得小于表 2–5–2 中规定的数值。选用时，一般应比表中的数值选得大一些，接地线的截面积应与相线的载流量相适应。

表 2–5–2　低压电气设备外露铜、铝接地线的截面积　　mm^2

导线种类	铜	铝
明敷的裸导线	4	6
绝缘导线	1.5	2.5
电缆接地芯或与相线包在同一保护套内的多芯导线的接地芯	1.0	1.5

三、接地装置的检查和维护

对接地装置进行定期检查的主要内容有：各部位的连接是否牢固，有无松动，有无脱焊，有无严重锈蚀；接地线有无机械损伤或化学腐蚀，涂漆有无脱落；人工接地体周围有无堆放具有强烈腐蚀性的物质；地面以下 50 cm 以内接地线的腐蚀和锈蚀情况如何，接地电阻是否合格等。

应对接地装置进行维护的情况有：焊接连接处开焊，螺纹连接处松动，接地线有机械损伤、断股或有严重锈蚀、腐蚀，接地体露出地面，接地电阻超过规定值等。接地线锈蚀或腐蚀 30% 以上者应予以更换。

知识拓展

接地装置定期检查的周期

（1）变、配电站的接地装置：每年检查一次，并于每年干燥季节测量一次接地电阻。

（2）车间电气设备的接地装置：每两年检查一次，并于每年干燥季节测量一次接地电阻。

（3）防雷接地装置：每年雨季前检查一次。

（4）避雷针的接地装置：每五年测量一次接地电阻。

（5）手持电动工具的接零线或接地线：每次使用前进行检查。

（6）有腐蚀性的土壤内的接地装置：每五年局部挖开检查一次。

§2-6 漏电保护装置

学习目标

1. 了解漏电保护的作用。
2. 熟悉常见的漏电保护装置。
3. 能正确选用、安装与维护漏电保护装置。
4. 了解漏电保护装置的误动作和拒动作。
5. 熟悉漏电保护器的常见类型。
6. 掌握漏电保护器的保护原理，并能正确选用。

一、漏电保护

漏电保护是电网的漏电电流超过某一设定值时，能自动切断电源或发出报警信号的一种安全保护措施。

漏电保护的作用主要有两方面：一是在电气设备（或线路）发生漏电或接地故障时，能在人尚未触及之前就把电源切断；二是当人体触及带电体时，能在 0.1 s 内切断电源，从而减轻电流对人体的伤害程度。此外，漏电保护还可以防止漏电引起的火灾事故。

二、漏电保护装置

在低压配电系统中，无论是保护接地还是保护接零，只要相线与电气设备金属外壳接触，就会形成故障回路并产生故障电流，在外壳与大地之间产生电位差，使触及带电外壳的人有触电危险。若线路的绝缘遭到破坏，则会导致漏电，漏电电流的热效应又会加速绝缘的进一步老化，如此恶性循环的必然后果是酿成电气火灾。因此，为了保护人民生命财产的安全，必须推广使用比保护接地、保护接零更加完善的附加性安全措施，即漏电保护。

漏电保护装置是一种在规定条件下，当漏电电流达到或超过给定值时，能够自动断开电路的机械开关电器或组合电器。

常见的漏电保护装置见表 2-6-1。

表 2-6-1　常见的漏电保护装置

类　型	图　示	主要用途
漏电保护插头或插座	 漏电保护插头  漏电保护插座	（1）防止由于电气设备和电气线路漏电而引起的触电事故 （2）防止用电过程中的单相触电事故 （3）及时切断电气设备运行中的单相接地故障，防止因漏电而引起的火灾事故
漏电断路器	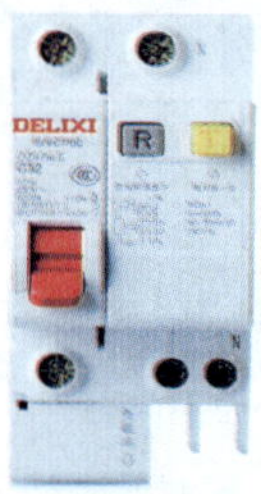 单相1P式 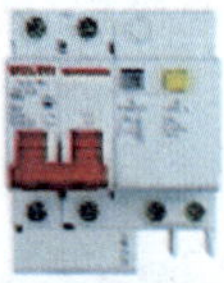 单相2P式	（1）用于交流 220 V、50 Hz 的电源中性点接地的电路中，当人身触电或电网漏电时能迅速分断故障电路 （2）保护线路的过载或短路 （3）用于线路的不频繁转换及单相电动机的不频繁启动 （4）操作事项： 1）合闸前先按下复位按钮（R 按钮） 2）漏电保护开关合闸 3）定期按下测试按钮（T 按钮）进行试验

续表

类　型	图　示	主要用途
漏电断路器	 三相三线式 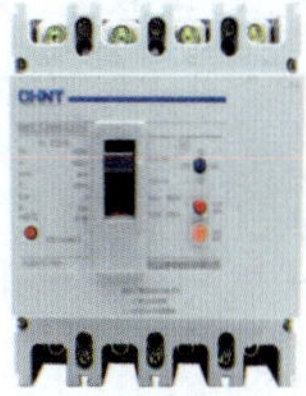 三相四线式	（1）用于交流 380 V、50 Hz 的电路中，当人身触电或电网漏电时能迅速分断故障电路 （2）保护线路和电动机的过载或短路 （3）用于线路的不频繁转换及三相电动机的不频繁启动 （4）用作大型设备的总保护，如变压器总保护、起重设备总保护、分支保护等 （5）操作事项同上
自动重合闸漏电保护开关	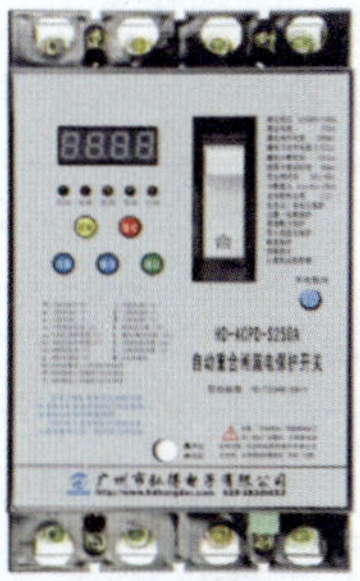 三相四线式 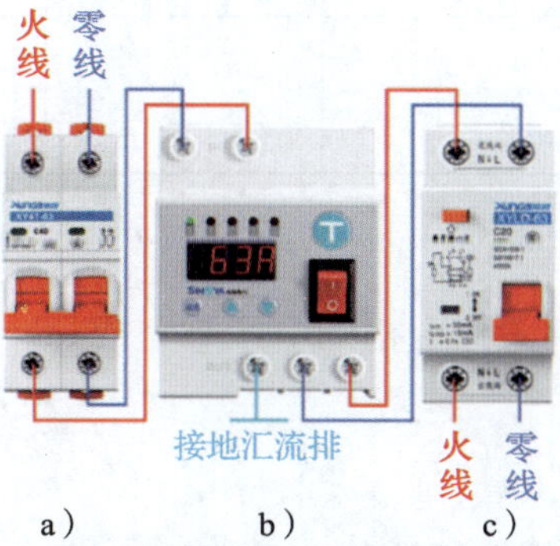 a）　b）　c） 自动重合闸单相漏电保护开关接线图 a）开关总闸　b）自动重合闸 c）漏电保护分开关	自动重合闸漏电保护开关是利用机械自动化原理，结合现代电子技术研制的新一代高科技安全用电产品 （1）欠电压 / 过电压保护：当电压低 / 高于设定值时，保护器自动断开供电；电压正常后，自动合闸通电 （2）漏电保护：线路电流超过规定的漏电动作电流，保护器立即断开 （3）漏电自动跟踪：能根据线路实时漏电电流自动设置漏电动作值 （4）过载 / 短路保护：线路发生短路或线路电流大于额定电流时，保护器立即断开实施保护 （5）零线断开保护：进线侧“零线”松动或被剪断后，三相电压不平衡到一定值，保护器分闸动作，恢复后便自动合闸 （6）合闸前故障检测：在合闸前自动检测供电线路的电压、是否缺相、零火（相）线是否接反、零线是否断开等，若有以上任何故障存在，则拒绝合闸供电 （7）自动重合闸：当发生跳闸后，在一定时间间隔内自动重新合闸通电。自动重合闸减少了人工合闸，使用更加方便，且保证了用电的连续性

1. 漏电保护装置的选用

选用漏电保护装置应首先根据保护对象的不同要求进行，既要保证在技术上有效，又要考虑经济上的合理性。

漏电保护装置的额定电压、额定电流、分断能力等性能指标应与线路条件相适应。漏电保护装置的类型应与供电线路、供电方式、系统接地类型和用电设备的特征相适应，具体要求见表 2–6–2。

表 2–6–2　对漏电保护装置的具体要求

<table>
<tr><th>类　型</th><th colspan="2">环　境</th><th>额定动作电流（mA）</th><th>备　注</th></tr>
<tr><td rowspan="3">防止人身触电事故</td><td colspan="2">用于直接或间接接触电击防护</td><td>30</td><td>高灵敏度、快速型</td></tr>
<tr><td colspan="2">浴室、游泳池、隧道等场所</td><td>10</td><td>高灵敏度、快速型</td></tr>
<tr><td colspan="2">触电后可能导致二次事故的场合</td><td>6</td><td>快速型</td></tr>
<tr><td rowspan="4">防止火灾</td><td colspan="2">木质灰浆结构的一般住宅和规模小的建筑物</td><td>30</td><td>中灵敏度</td></tr>
<tr><td rowspan="2">除住宅以外的中等规模的建筑物</td><td>主干线</td><td>200</td><td>中灵敏度</td></tr>
<tr><td>分支回路</td><td>30</td><td>高灵敏度</td></tr>
<tr><td colspan="2">钢筋混凝土类建筑</td><td>200</td><td>中灵敏度</td></tr>
<tr><td>防止电气、电热设备烧毁</td><td colspan="2">设备绝缘电阻随温度变化有较大波动</td><td>100</td><td>冲击电压不动作型</td></tr>
<tr><td>不允许停转的电动机</td><td colspan="2">允许电动机启动时有漏电电流</td><td>15</td><td>漏电报警式</td></tr>
</table>

2. 漏电保护装置的安装

漏电保护装置的安装必须由经技术培训考核合格的电工来完成。

（1）需要安装漏电保护装置的场所

1）带金属外壳的 Ⅰ 类设备和手持电动工具。

2）安装在潮湿或强腐蚀等恶劣环境中的电气设备。

3）建筑施工工地的电气施工机械设备。

4）临时性电气设备。

5）宾馆客房内的插座。

6）触电危险性较大的民用建筑物内的插座。

7）游泳池、喷水池或浴室类场所的水中照明设备。

8）安装在水中的供电线路和电气设备。

9）医院中直接接触人体的电气医疗设备（胸腔手术室除外）。

10）公共场所的通道照明及应急照明电源、消防用电梯及确保公共场所安全的电气设备的电源。

11）消防设备（如火灾报警装置、消防水泵、消防通道照明等）的电源、防盗报警装置用电源以及其他不允许突然停电的场所或电气装置的电源。若在发生漏电时电源被立即切断，将会造成严重事故或重大经济损失，因此，应装设不切断电源的漏电报警装置。

（2）漏电保护装置的安装要求

1）漏电保护装置的安装应符合生产厂家产品说明书的要求，应考虑供电线路、供电方式、系统接地类型和用电设备特征等因素。

2）安装漏电保护装置之前，应检查电气线路和电气设备的泄漏电流值和绝缘电阻值。当电气线路或设备的泄漏电流大于允许值时，必须更换绝缘良好的电气线路或设备。

3）漏电保护装置标有电源侧和负载侧，安装时必须加以区别，按照规定接线，不得接反。如果接反，会导致电子式漏电保护装置的脱扣线圈无法随电源切断而断电，以致长时间通电而烧毁。

4）安装漏电保护装置时必须严格区分中性线和保护线。使用三极四线式和四极四线式漏电保护装置时，中性线应接入漏电保护装置。经过漏电保护装置的中性线不得作为保护线，不得重复接地或连接设备的外露可导电部分。不同供电系统中漏电保护装置的接线形式见表 2–6–3。

5）保护线不得接入漏电保护装置。

6）漏电保护装置安装完毕后，应操作“试验”按钮试验三次，带负载分合三次，确认动作正常后，才能投入使用。

表 2–6–3 不同供电系统中漏电保护装置的接线形式

系统类型	单相负载	三相负载	
		三 线	四 线
TT	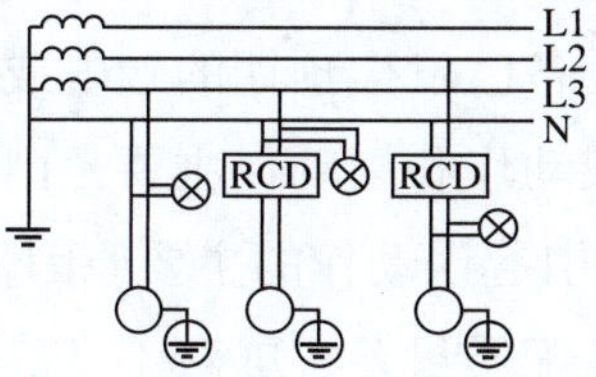	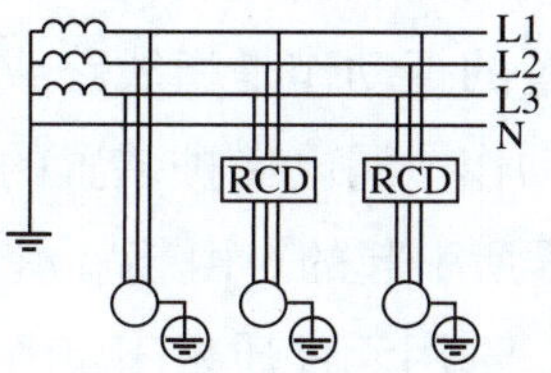	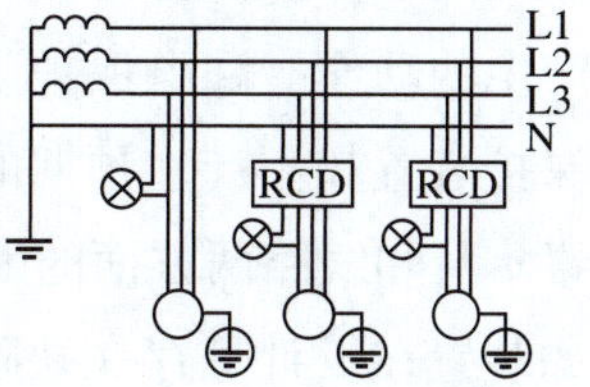

续表

系统类型		单相负载	三相负载	
			三 线	四 线
TN	TN-C	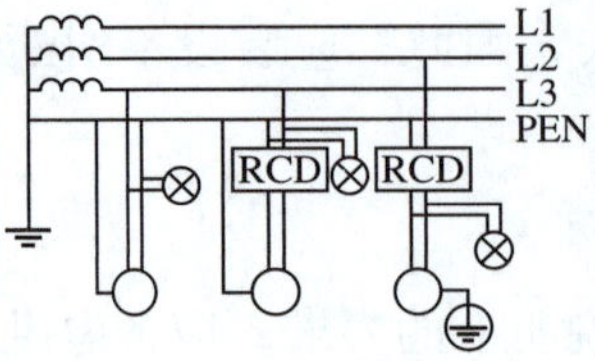	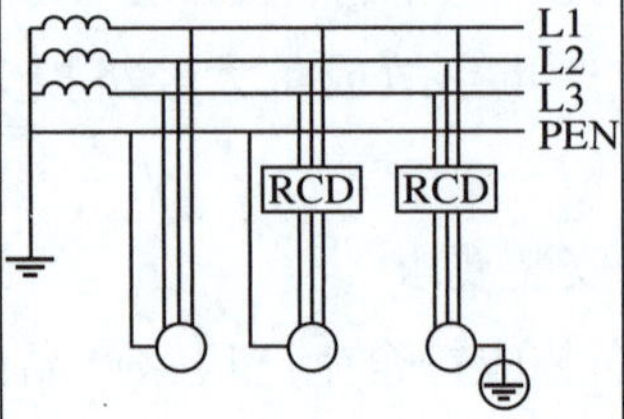	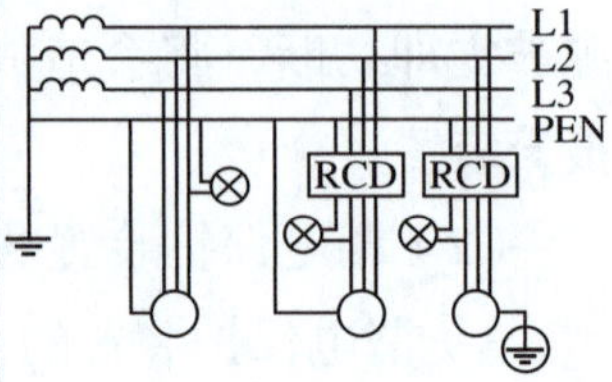
	TN-S	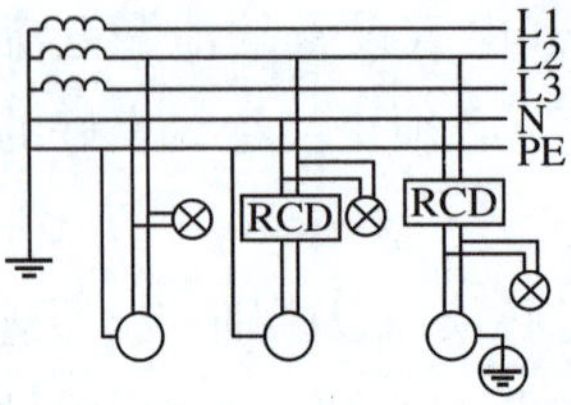	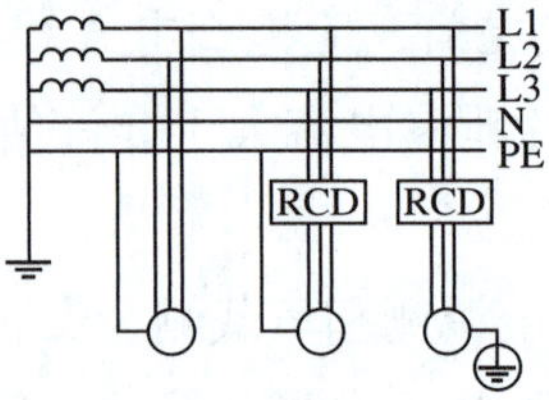	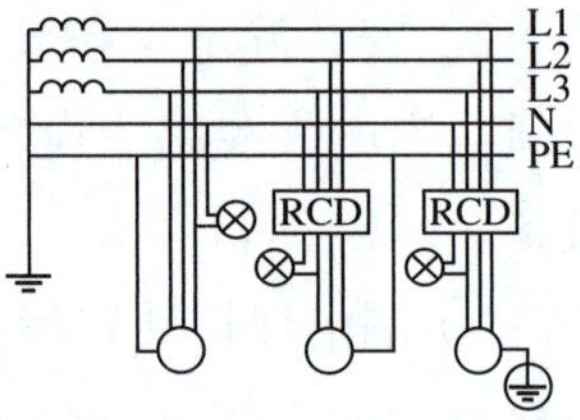
	TN-C-S	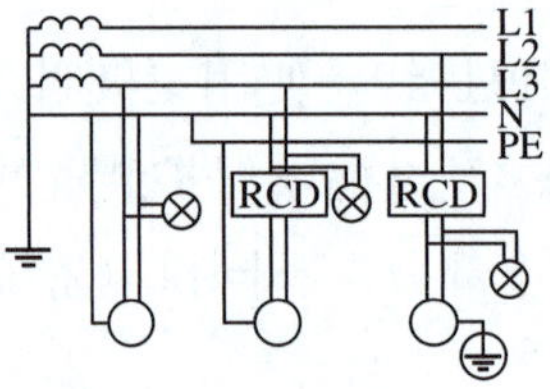	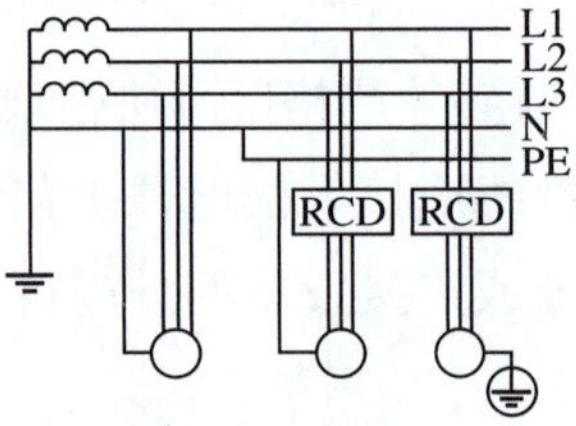	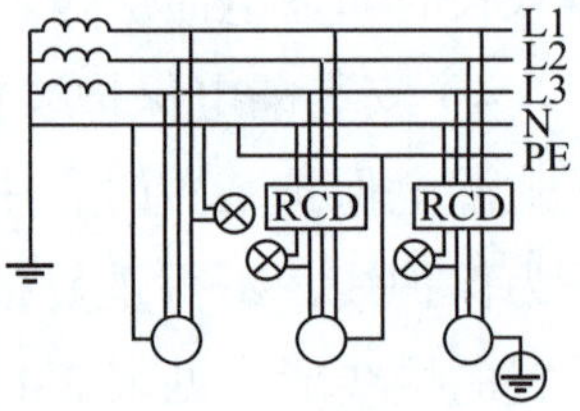

3. 漏电保护装置的维护

（1）对使用中的漏电保护装置应定期用“试验”按钮试验其可靠性。

（2）为检验漏电保护装置使用过程中动作特性的变化，应定期对其动作特性（包括漏电动作电流值、漏电不动作电流值及动作时间）进行试验。

（3）运行过程中漏电保护器跳闸，应认真检查其动作原因，排除故障后再合闸送电。

4. 漏电保护装置的误动作和拒动作

漏电保护装置的误动作是指线路或设备未发生预期的触电或漏电时漏电保护装置产生的动作。漏电保护装置的拒动作是指线路或设备已发生预期的触电或漏电而漏电保护装置却不产生预期的动作。漏电保护装置的误动作和拒动作主要是由漏电保护装置本身和线路两方面的因素所引起的。由装置本身引起误动作的主要原因是质量问题，如装置在设计上存在缺陷、选用元件质量不良、装配质量差、屏蔽不良等。这些均会降低漏电保护装置的稳定性和平衡性。由线路问题引起漏电保护装置误动作和拒动作的原因及处理方法见表 2–6–4。

表 2-6-4　由线路问题引起漏电保护装置误动作和拒动作的原因及处理方法

故障现象	图　示	原　因	处理方法
漏电保护装置误动作	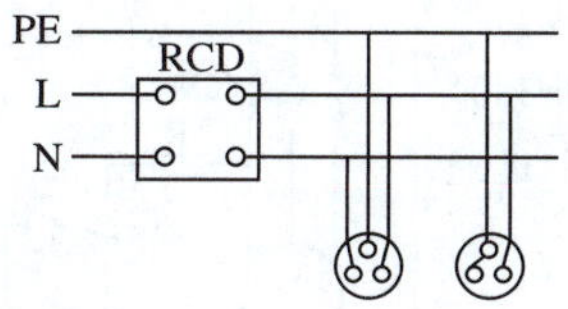	图中右侧插座的零线N端子误连接上保护接地（PE）端子，使用该插座时，电流不经过零线而经过保护接地线返回电源，造成漏电保护器动作	按图中左侧插座所示正确接线
	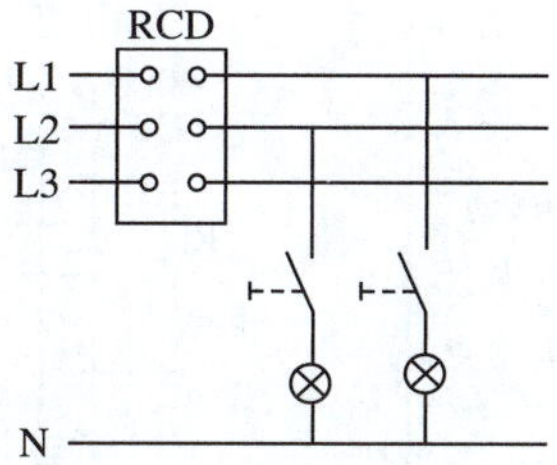	误用了三极三线式漏电保护器。因零线不经过漏电保护器，漏电保护器检测到的不是漏电电流，而是三相不平衡电流，故在三相线路中只要有一相接通任意负载，电流就远远超过漏电动作电流而跳闸	将漏电保护器换成三极四线式漏电保护器
漏电保护装置拒动作	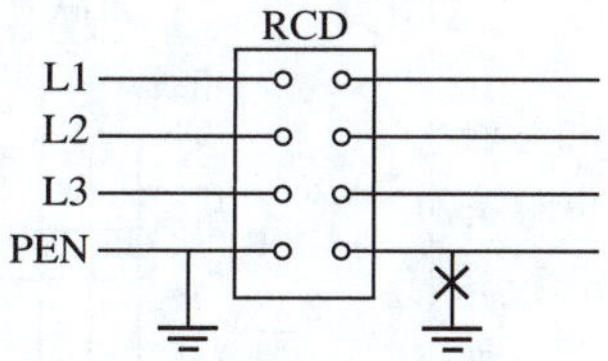	安装漏电保护器时重复接地，通过零序互感器电流减少，导致漏电保护器拒动作	不能重复接地
	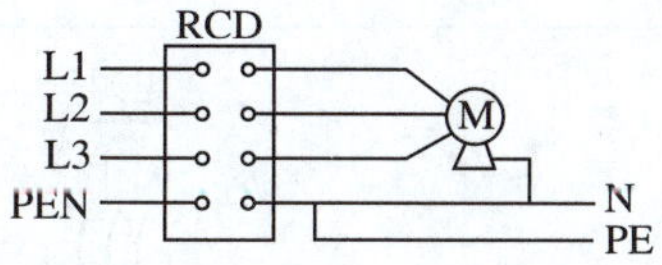	接零保护线通过检测互感器，当设备漏电时，由于相线漏电电流经接零保护线又回到检测互感器，使检测互感器检测不出漏电电流，致使漏电保护器拒动作	改正接零保护线

三、漏电保护器

漏电保护器用以对低压电网直接触电和间接触电进行有效保护，也可以作为三相电动机的缺相保护。它有单相和三相之分。

因为其以漏电电流或由此产生的中性点对地电压变化为动作信号，不必以用电电流值来整定动作值，所以灵敏度高，动作后能有效地切断电源，保障人身安全。

1．按工作原理分类

根据漏电保护器的工作原理，可将其分为电压型、电流型和脉冲型三种类型。电压型漏电保护器和电流型漏电保护器的保护原理和图示见表 2-6-5。

表 2-6-5　电压型漏电保护器和电流型漏电保护器的保护原理和图示

名　称		保护原理	图　示
电压型漏电保护器		当电动机外壳漏电、外壳对地电压上升到危险数值时，漏电脱扣器（简称为脱扣器）迅速动作切断供电电路	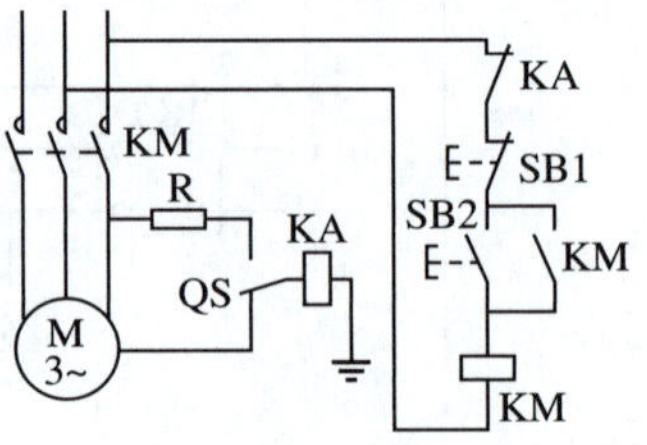
电流型漏电保护器	电磁式	二极： 当负载侧有漏电或触电事故时，电流 I_1 和 I_2 不相等，电流互感器 TA 的铁芯中存在磁通，TA 二次线圈产生感应电动势，脱扣器线圈中产生电流，衔铁动作使主开关断开，切断故障电路	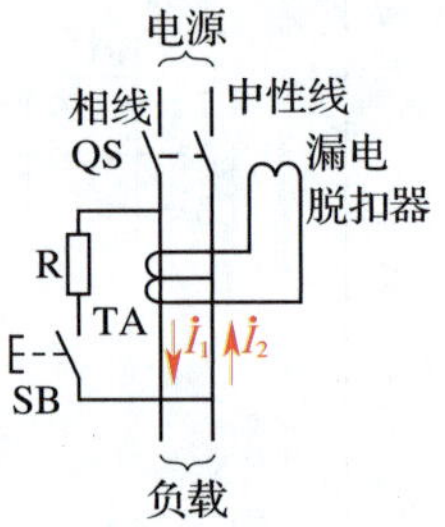
		三极： 当负载侧有漏电故障时，I_1、I_2 和 I_3 的相量和不等于零，电流互感器 TA 的环形铁芯中就有了磁通，TA 二次线圈产生感应电动势，脱扣器线圈中产生电流，衔铁动作使主开关断开，切断故障电路	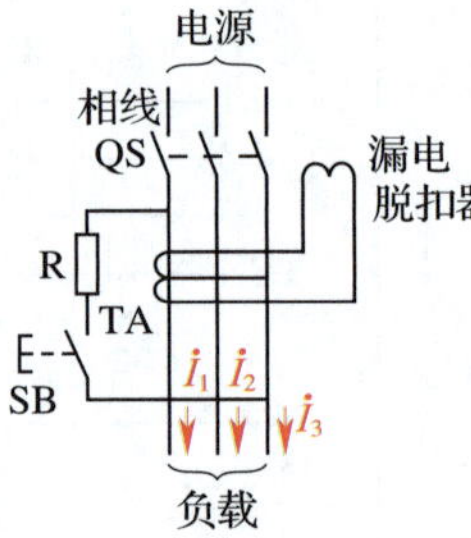
		四极： 保护原理与三极相同	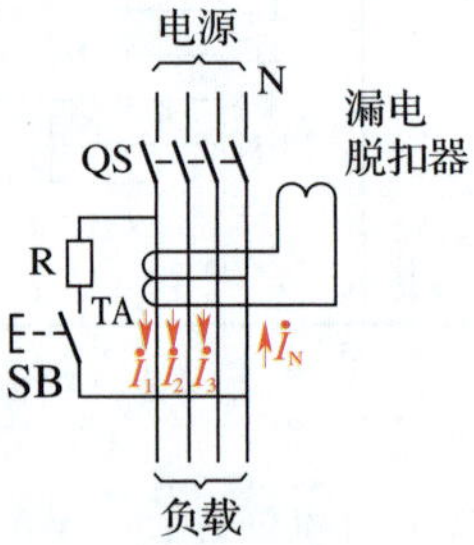
	电子式	当发生漏电故障或触电事故时，电流互感器 TA 将漏（触）电信号传给电子放大器，经电子放大器放大后再传给漏电脱扣器，使主开关断开，切断故障电路	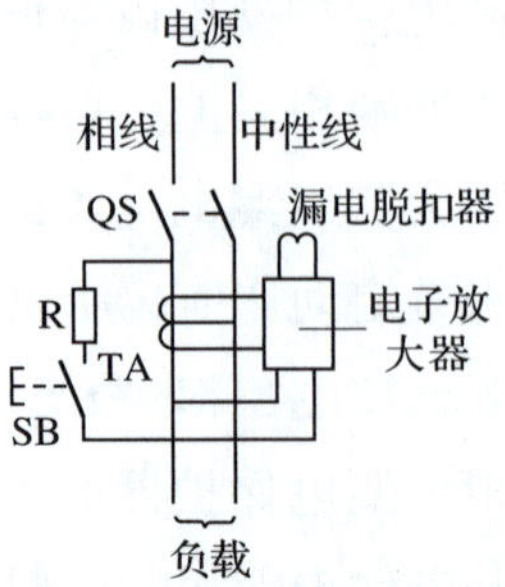

电压型漏电保护器是对整个变配电低压网进行保护的，不能分级保护，其停电范围大，动作频繁。脉冲型漏电保护器以发生触电时三相不平衡漏电电流的相位、幅值产生的突然变化为动作信号，但也存在死区。目前应用最广泛的是电流型漏电保护器。

按动作结构分，电流型漏电保护器可分为直接动作式和间接动作式。直接动作式的动作信号直接作用于脱扣器，使之跳闸断电。间接动作式对输出信号进行放大、蓄能等环节处理后再使脱扣器动作跳闸。一般直接动作式均为电磁式漏电保护器，间接动作式均为电子式漏电保护器。

电磁式漏电保护器和电子式漏电保护器的性能比较见表 2–6–6。

表 2–6–6 电磁式漏电保护器和电子式漏电保护器的性能比较

比较项目	形 式	
	电磁式漏电保护器	电子式漏电保护器
辅助电源	不需要辅助电源	需要辅助电源
电源电压对特性的影响	无影响，缺相或电源电压降低时也能可靠动作	有影响，电源电压断电或降低时会影响动作特性，甚至拒动作
环境温度对特性的影响	很小	有影响
绝缘耐压能力	强，可经受低压电器的工频耐压试验	弱，只能按电子元件的允许范围进行试验
耐受感应雷电和操作过电压的冲击能力	强	弱
受外界磁场干扰	较小	较大
动作时间	动作速度快，可以做到小于 0.04 s	动作速度比电磁式慢，做到小于 0.04 s 较困难
接线要求	进出线倒接不影响性能	进出线不可倒接，否则会损坏开关
结构	复杂	简单

2. 按功能分类

漏电保护器按功能大体上可分为以下三类：

（1）漏电继电器：只具备检测、判断功能，不具备开闭主电路的功能。

（2）漏电开关：同时具备检测、判断、执行功能。它是漏电继电器和开关的结合体。

（3）漏电保护插座：将漏电开关和插座组合在一起，使插座具备触电保护功能，适用于移动电器和家用电器。

3. 漏电保护器的参数

（1）额定电流：漏电保护器在不间断工作下能承载的电流，其与所控制的设备容量相适应。

（2）额定漏电动作电流：漏电保护器在漏电电流达到此值时即动作，断开电源。

（3）额定漏电动作时间：在通过规定的漏电电流值时，在不超过此时间内，漏电保护器动作。

（4）额定漏电不动作电流：漏电保护器在漏电电流达到此值之前不动作。一般此值为额定漏电动作电流值的 1/2，如果漏电保护器过于灵敏，会因误动作而影响生产的正常进行。

（5）漏电保护器设计安全限值：漏电保护器设计安全限值 = 额定漏电动作电流 × 额定漏电动作时间 =30 mA · s。

4. 漏电保护器的选择

正确选择漏电保护器的参数，以适应不同作业条件下的保护。

（1）总配电箱设漏电保护器

在电网进线端总隔离开关的负荷侧设置。该级漏电保护器主要用以消除触电事故为目的的间接保护。这种总的漏电保护有报警和切断两种方式，一般采用报警方式。当采用切断方式时，整个低压供电系统的停电会造成较大的影响。一般应选额定漏电动作电流值较大的漏电保护器（300 ~ 1 000 mA，此值应大于漏电网正常运行实测最大值的 2 倍）。

（2）分配电箱设漏电保护器

这一级漏电保护器也是作为间接保护，同时也可作为末级保护器的补充保护。其动作电流值应大于运行中实测泄漏电流值的 2.5 倍，一般可选 100 ~ 200 mA。

在总配电箱安装漏电保护器，由于总配电箱数量少，在此安装比较经济，并可以保护总配电箱到分配电箱的线路，但是一旦跳闸，就会造成全面停电，影响较大。在分配电箱安装漏电保护器要比在总配电箱安装需要的漏电保护器数量多，可以把故障限制在分配电箱以下，而不会给其他分路带来影响，并且在分配电箱安装的漏电保护器参数较在总配电箱安装的更接近安全限值，可对末级开关箱起补充保护的作用。

在实行分级保护选用各级漏电保护器时，其动作电流值越小越安全，但是由于工业现场配电线路和用电设备的绝缘程度不会都是良好的，而且可能存在着一定的漏电电流，线路越长、设备容量越大、绝缘程度越差以及环境条件越恶劣，漏电电流也就越大。

如果选用额定漏电动作电流值过小的漏电保护器，则会造成经常性的误动作，所以应选择额定漏电动作电流值大于正常泄漏电流值的漏电保护器。

（3）开关箱设漏电保护器

开关箱中必须装设漏电保护器。开关箱是线路的末端，人员接触频繁，设置漏电保护器的作用是可提供间接触电保护并对直接触电保护进行补充保护，主要用来对有致命危险的人身触电进行防护。规定选用快速型（0.1 s）、高灵敏度（30 mA 以下）的漏电保护器。对于容量较大的用电设备，可选用额定漏电动作电流值为 50 mA 的漏电保护器。对于潮湿场所，由于作业条件差，应选用额定漏电动作电流值为 15 mA 的漏电保护器。

§2-7 过电压及其防护

学习目标

1. 熟悉外部过电压及其防护。
2. 熟悉内部过电压及其防护。

过电压是指超过规定限值的电压。高于正常对地峰值电压（对应于最高系统电压），以峰值电压表示的对地电压称为对地过电压。配电网中出现过电压的原因很多，由外部原因造成的有雷击过电压、电磁感应过电压和静电感应过电压；由内部原因造成的有操作过电压、谐振过电压以及来自变压器高压侧的过渡电压或感应电压。

一、外部过电压及其防护

外部过电压主要是指雷击过电压，雷击过电压是由雷云对地放电引起的，可用专用的防雷装置预防。

1. 雷击防护的基本原理

所谓雷击防护，就是通过合理、有效的手段将雷电流的能量尽可能地引入到大地。一个完整的防雷系统包括两个方面：直接雷击的防护和感应雷击的防护。

直接雷击的防护原理是用导体将雷云中的电荷导入大地。简单地说，就是人为地给雷云创造一条放电通路，不让雷云中的电荷流过需要保护的物体。直接雷击的防护系统包括接闪器、引下线、接地装置三大部分。其中接闪器的主要形式有避雷针、避雷带、避雷网、笼网等。我国直接雷击防护系统的设计和施工所必须遵从的规范是《建筑物防雷设计规范》（GB 50057—2010）。这一国家标准和 IEC（international electro technical commission，国际电子委员会）国际标准在大体上是一致的。

2. 防雷装置

（1）常用的防雷装置

常用的防雷装置有避雷针、避雷线、避雷带、避雷网和避雷器等，见表 2–7–1。避雷针、避雷线、避雷带和避雷网都只是接闪器，避雷器是一种专门的防雷装置。

表 2–7–1　常用的防雷装置

类　型	图　示	主要应用
避雷针	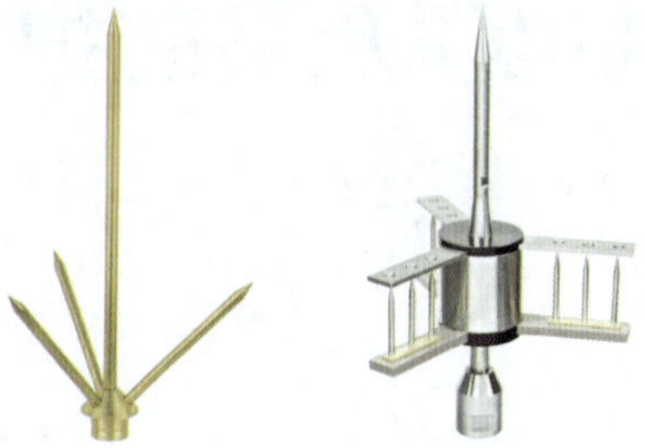	避雷针供各种铁塔、油罐、烟囱、高层建筑物等安装使用，是防雷系统中不可缺少的设备，是保护有关物体或电气设备避免雷击的重要设施。避雷针的顶端是削尖的直立金属棒（或管），安装时要高出建筑物一定高度
避雷线	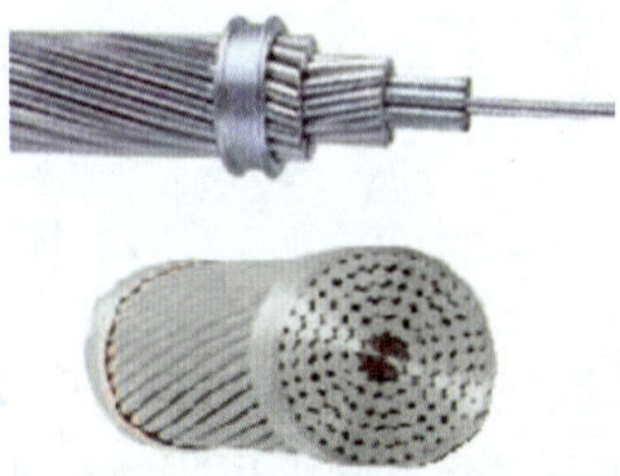	避雷线的主要作用是防止雷直击导线，同时还具有以下作用： （1）分流作用：可减小流经杆塔的雷电流，从而降低塔顶电位 （2）通过对导线的耦合作用，减小线路绝缘子的电压 避雷线适用于长距离高压供电线路的防雷保护。架空避雷线宜采用截面积大于 35 mm^2 的镀锌钢绞线
避雷带		避雷带是在建筑物的屋脊和屋顶四周敷设的接地导体，是由避雷针、避雷线发展而来的。它多是用小截面圆钢或扁钢做成的条形长带。高层楼宇的避雷带多沿屋脊、山墙、通风管道及平屋顶的边沿等地方敷设 避雷带优先选用圆钢制作，其直径不应小于 8 mm，使用扁钢时宽度不应小于 12 mm，厚度不应小于 4 mm
避雷网	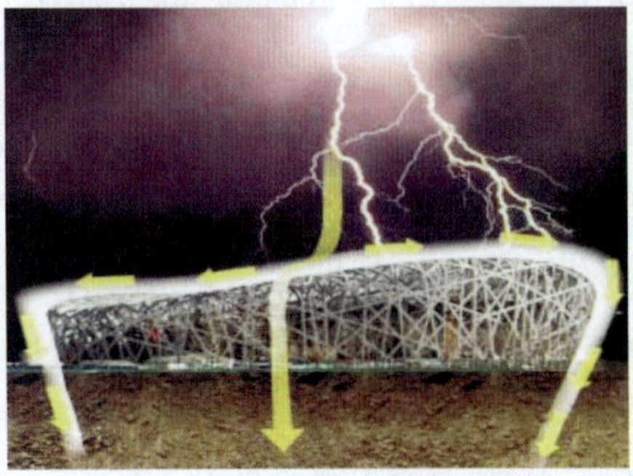	避雷网分明网和暗网。明网是将金属线制成的网架在建（构）筑物顶部空间，用截面积足够大的金属物与大地连接来进行雷电防护的。暗网是利用建（构）筑物钢筋混凝土结构中的钢筋网进行雷电防护的 例如，满身"钢筋铁骨"的国家体育场——鸟巢，它的金属屋面——钢结构中的钢构件及钢筋混凝土中的钢筋，通过焊接方式进行连接，这样，"鸟巢"自身就形成了一个巨大的避雷网

续表

类　型	图　示	主要应用
避雷器	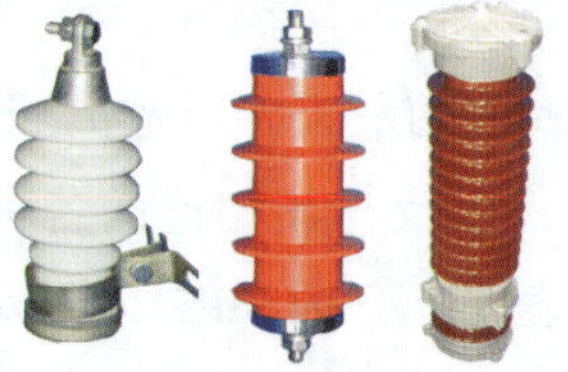	（1）避雷器作为避雷针的重要补充，是电力、电子及通信设备和系统广泛采用的避雷装置 （2）避雷器主要用来保护电力设备和电力线路，也用作防止高电压侵入室内的安全措施 （3）金属氧化物避雷器是当前限制过电压最先进的一种保护电器，被广泛用于发电、输电、变电、配电系统中，使电气设备的绝缘免受过电压的损害

（2）防雷装置的安装要求

这里主要介绍避雷器的安装要求。避雷器并联在被保护设备或设施上，正常时处于断开状态。当出现雷击过电压时，避雷器击穿放电，切断过电压，发挥保护作用，其原理图如图 2–7–1 所示。过电压终止后，避雷器迅速恢复到断开状态。避雷器有保护间隙、管型避雷器和阀型避雷器之分，应用最多的是阀型避雷器。

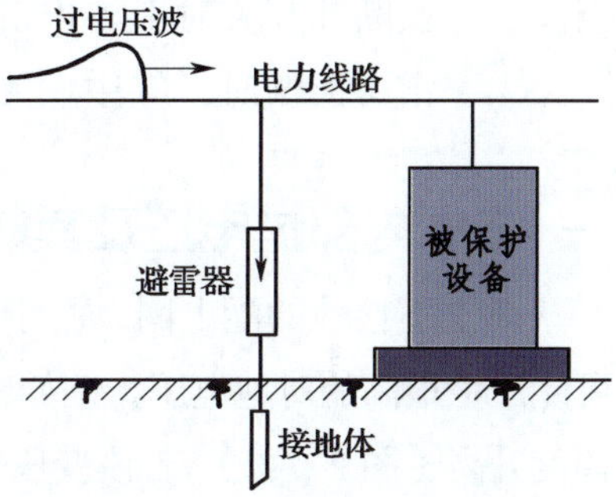

图 2–7–1　避雷器原理图

（3）接地体

接地体的接地电阻较小（一般不超过 10 Ω），以便于迅速地疏散雷电流。

一般情况下，接地体均应使用镀锌钢材，使其延长使用年限。但当接地体埋设在可能有化学腐蚀性的土壤中时，应适当加大接地体和连接点的截面，并加厚镀锌层。各焊接点必须刷樟丹油或沥青油，以加强防腐。

当有雷电流通过接地装置向大地流散时，在接地装置附近的地面上将形成较高的跨步电压，危及行人安全。因此，接地体应埋设在行人较少的地方，要求接地装置与建（构）筑物出入口及人行道的距离不应小于 3 m。当受地方限制而小于 3 m 时，应采取降低跨步电压的措施，如在接地装置上敷设 50 ~ 80 mm 厚的沥青层，其宽度超过接地装置 2 m。

3. 人身防雷常识

（1）在户外或野外遇到雷暴时，非工作必须，应尽量减少在户外或野外逗留，在户外或野外最好穿塑料等不浸水材质制成的雨衣。如有条件，可进入有宽大金属构架或有防雷设施的建筑物、汽车或船只躲避。若依靠建筑物屏蔽的街道或高大树木屏蔽的街道躲避，要注意离开墙壁或树干 8 m 以上。若找不到合适的避雷场所，可以蹲下，两脚并拢，双手抱膝，尽量降低身体

安全提示

雷电天气需躲避，
忌在露天打手机，
远离金属框架物，
待天好转再行路。

重心，并抛弃手中握持的金属物品。

（2）雷暴天气时，应尽量远离小山、小丘、隆起的小道，远离海滨、湖滨、河边、池塘，避开铁丝网、金属晒衣绳以及旗杆、烟囱、宝塔、单独的树木，还应尽量远离没有防雷保护的小建筑物或其他设施。

（3）雷暴天气时，在户内应注意防止雷电侵入波的危害，应远离照明线、动力线、电话线、广播线、收音机和电视机电源线及天线，以及与其相连的各种金属设备，以防止这些线路或设备对人体二次放电。调查资料表明，户内 70% 以上对人体的二次放电事故发生在与线路或设备相距 1 m 以内的场合，相距 1.5 m 以上者尚未发生死亡事故。因此，雷暴天气时人体最好距可能传来雷电侵入波的线路和设备 1.5 m 以上。应当注意，仅断开开关对于防止雷击是起不了多大作用的。

（4）雷暴天气时，应注意关闭门窗，以防止球雷进入户内造成危害。

二、内部过电压及其防护

对于不接地的配电网，由于配电网与大地之间没有直接的电气连接，在意外情况下可能产生很高的对地电压。例如，当高压一相与低压中性点短接时，低压侧对地电压将大幅度升高（图 2–7–2）。若该变压器为 10/0.4 kV 的变压器，采用 Yyn0 接法，则低压中性点对地电压 U_{NE} 将升高到将近 5 800 V，这将给低压系统的安全运行造成极大的威胁。

对配电网内部过电压的防护，主要采用击穿熔断器和过电压保护器。

1. 击穿熔断器

为了减轻过电压的危害，在不接地的低压配电网中，可把低压配电网的中性点或一相经击穿熔断器接地。

图 2–7–3 所示为击穿熔断器，其主要由两片黄铜电极夹以带小孔的云母片组成，击穿电压大多不超过额定电压的 2 倍。正常情况下，击穿熔断器处在绝缘状态，配电系统不接地；当产生过电压时，云母片带孔部分的空气隙被击穿，故障电流经接地装置流入大地，这个电流是高压系统的接地短路电流，它可能引起高压系统过电流保护装置动作，切除故障，断开电源。如果这个电流不大，不足以引起保护装置动作，则可以通过选定适当的接地电阻，以控制低压系统电压升高不超过 120 V。通常情况下，接地电阻小于 4 Ω 时即能满足上述要求。

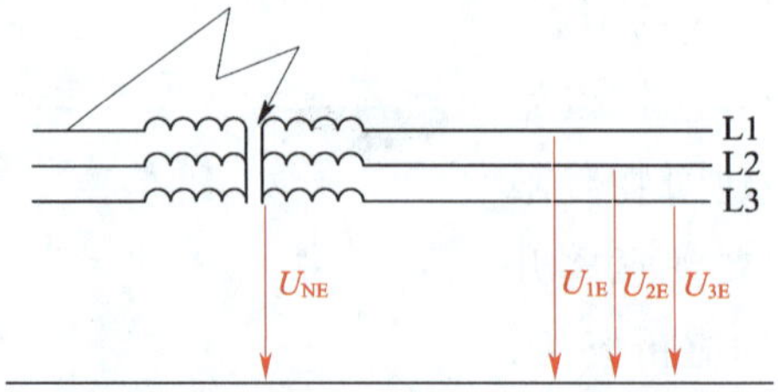

图 2–7–2　不接地电网高压窜低压

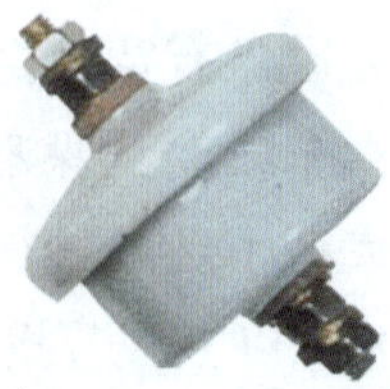
图 2–7–3　击穿熔断器

正常情况下，击穿熔断器必须保证绝缘良好。否则，不接地配电网变成接地配电网，用电设备上的保护接地将不足以保证安全。因此，对击穿熔断器的状态应经常检查，或者接入两只相同的高内阻电压表进行监测。正常时，两只电压表的读数各为相电压的一半。如果击穿熔断器内部短路，一只电压表的读数将降至零，而另一只电压表的读数将上升至相电压。必要时，防护装置应当设置监测击穿熔断器绝缘的声、光双重报警信号。为了不降低系统保护接地的可靠性，监测装置应具有很高的内阻。

为了抑制可能的过电压振荡，可在不接地配电网的电源中性点或人为中性点与大地之间接一阻抗值为 5 ~ 6 倍相电压值的阻抗。

2. 过电压保护器

三相组合式过电压保护器是一种取代传统避雷器的新型过电压保护器，它能可靠地对被保护电气设备完成相与地、相与相之间的过电压保护，使被保护设备的绝缘免受雷电和操作等过电压的损坏，其保护效果是普通的氧化锌避雷器所不能比拟的。

根据被保护电气设备的不同，选用相应的三相组合式过电压保护器，其电压等级有 380 V、3 kV、6 kV、10 kV、35 kV 等多种规格，6 kV、10 kV 和 35 kV 三相组合式过电压保护器的外形如图 2–7–4 所示。

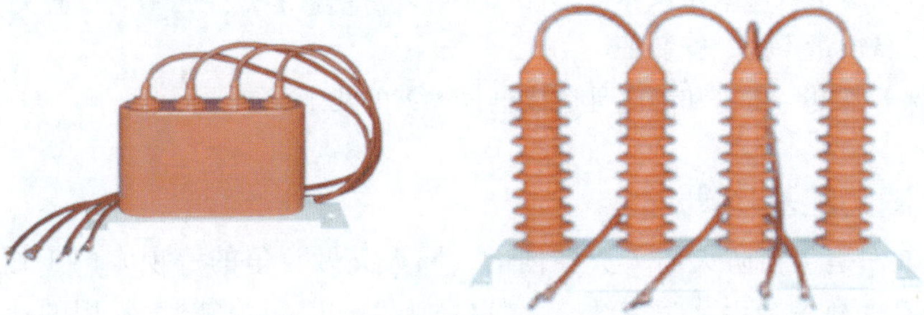

a)　　b)

图 2–7–4　三相组合式过电压保护器的外形

a）6 kV 和 10 kV　b）35 kV

过电压保护器的检验项目及方法如下：

（1）从电气设备中拆除过电压保护器。

（2）测量直流 1 mA 参考电压。在过电压保护器两端施加直流电压（直流电压的脉动部分不大于 ±1.5%），待流过过电压保护器的电流稳定于 1 mA 后，读出的电压数值不得小于说明书中规定的值。

（3）测量泄漏电流。在过电压保护器任意两端施加 0.75 倍的直流参考电压（直流电压的脉动部分不大于 ±1.5%），流过过电压保护器的电流不大于 50 μA。

（4）无间隙过电压保护器不允许进行工频放电电压试验。

§2-8　电气防火与防爆

学习目标

1. 了解消防的基本概念。
2. 了解引发电气火灾的主要原因。
3. 掌握电气防火与防爆措施。
4. 熟悉常用的电气灭火方法。
5. 了解自动喷水灭火系统的类型、组成、原理及特点。

安全提示

消防工作很重要，关键在于控燃烧，
隔离窒息冷却法，抑制中断火蔓延。

过载、短路、接触不良、电弧火花、漏电、雷电或静电等都能引起火灾。从电气防火角度来看，电气设备质量不高、安装使用不当、保养不良、雷击和静电是造成电气火灾的几个重要原因。

一、消防的基本概念

消防工作是包括防火与灭火在内的，同火灾做斗争的一项专门工作。消防的工作方针是“预防为主，防消结合”“以防为主，以消为辅”。常用的消防术语见表 2-8-1。

表 2-8-1　常用的消防术语

名　称		基本概念
燃烧		某些可燃物质在较高温度时，与空气（氧气）或其他氧化剂进行剧烈反应而发生的放热、发光的现象
火警与火灾		失火后能及时扑救而未成灾的称为火警；造成国家、集体和人民财产损失，以及危及人民生命安全的失火灾害称为火灾
火灾等级	一般火灾	造成 3 人以下死亡，或者 10 人以下重伤，或者 1 000 万元以下直接财产损失的火灾
	较大火灾	造成 3 人以上、10 人以下死亡，或者 10 人以上、50 人以下重伤，或者 1 000 万元以上、5 000 万元以下直接财产损失的火灾

续表

名称		基本概念
火灾等级	重大火灾	造成10人以上、30人以下死亡，或者50人以上、100人以下重伤，或者5 000万元以上、1亿元以下直接财产损失的火灾
	特别重大火灾	造成30人以上死亡，或者100人以上重伤，或者1亿元以上直接财产损失的火灾
爆炸		因氧化反应或其他放热反应而引起的压力和温度骤升的现象
电气火灾与爆炸		由于电气方面的原因形成的火源所引起的火灾和爆炸，如由某种原因造成变压器、电力电缆、油开关的爆炸起火，配电线路短路或过负荷引起的火灾等

二、引发电气火灾的主要原因

引发电气火灾的主要原因见表2–8–2。

表2–8–2 引发电气火灾的主要原因

主要原因	引发方式
过载	所谓过载，是指电气设备或导线的功率和电流超过了其额定值。过载使导体中的电能转变成热能，当导体和绝缘物局部过热并达到一定温度时，就会引起火灾
短路、电弧和火花	短路是电气设备最严重的一种故障状态，短路时，在短路点或导线连接松弛的接头处会产生电弧或火花。电弧温度很高，可达6 000℃以上，不但可以引燃它本身的绝缘材料，还可以将它附近的可燃材料、蒸气和粉尘引燃
接触不良	接触不良会造成局部过热，形成潜在引燃源
烘烤	电热器具（如电炉、电熨斗等）、照明灯泡在正常通电的状态下，就相当于一个火源或高温热源。当其安装不当或长期通电无人监管时，就可能使附近的可燃物受高温而起火
摩擦	发电机和电动机等旋转型电气设备的轴承出现润滑不良、干磨发热，或虽然润滑正常，但高速旋转等情况，都会引起火灾

三、电气防火与防爆措施

在大气条件下，可燃性物质以气体、蒸气、粉尘、纤维或飞絮的形式与空气形成的混合物被点燃后，能够保持燃烧自行传播的环境，称为爆炸性环境。

安全提示

电气装置应规范，
超负用电有危险，
发现火灾快报警，
消防救火责任重。

电气火灾和爆炸的防护必须是综合性措施。它包括合理选用和正确安装电气设备及电气线路、保持电气设备和电气线路的正常运行、保证必要的防火间距、保持良好的通风、装设良好的保护装置等技术措施。

1. 防爆的基本知识

爆炸性气体环境是指在大气条件下，气体、蒸气或薄雾状可燃物质与空气形成的混合物被点燃后，能够保持燃烧自行传播的环境。爆炸性气体环境出现或预期可能出现的数量达到足以要求对电气设备的结构、安装和使用采取预防措施的区域称为危险场所。

（1）爆炸性气体环境区域的划分

《爆炸性环境 第 14 部分：场所分类 爆炸性气体环境》（GB 3836.14—2014）的规定如下：

0 区：连续出现或长期出现爆炸性气体混合物的环境。

1 区：正常运行时可能出现爆炸性气体混合物的环境。

2 区：正常运行时不太可能出现爆炸性气体混合物的环境，或即使出现，也仅是短时存在的爆炸性气体混合物的环境。

20 区：空气中可燃性粉尘云持续地或长期地或频繁地出现于爆炸性环境的区域。

21 区：正常运行时，空气中的可燃性粉尘云很可能偶尔出现于爆炸性环境的区域。

22 区：正常运行时，空气中的可燃性粉尘云一般不可能出现于爆炸性环境的区域，即使出现，持续时间也是短暂的。

（2）防爆电气设备的分类

防爆电气设备分为以下两类：

Ⅰ类：煤矿用电气设备。

Ⅱ类：除煤矿外的其他爆炸性气体环境用电气设备。

（3）防爆电气设备的防爆形式及原理

防爆形式是为防止点燃周围爆炸性环境而对电气设备采取各种特定的措施。防爆电气设备的防爆形式及原理见表 2-8-3。

表 2-8-3 防爆电气设备的防爆形式及原理

防爆形式	标志	防爆原理	图示
隔爆型	d	将设备在正常运行时能产生火花、电弧的部件置于隔爆外壳内，隔爆外壳能承受内部的爆炸压力而不致损坏，并能保证内部的火焰气体在通过间隙传播时能降低能量，不足以引爆壳外的气体	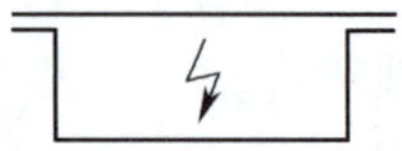

续表

防爆形式	标　志	防爆原理	图　示
增安型	e	在正常运行条件下不会产生电弧、火花和危险高温，与隔爆型相比，在结构上进一步采取保护措施，提高了设备的安全性和可靠性	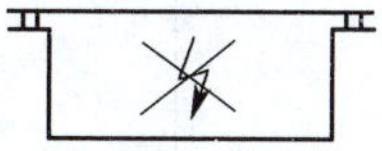
本质安全型	i	设备内部的电路在规定的条件下正常工作，或在规定的故障状态下产生的电火花和热效应均不能点燃爆炸性混合物	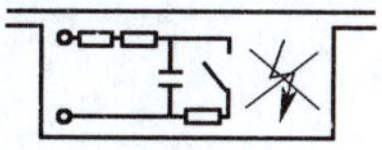
正压型	p	保持内部保护气体的压力高于周围压力，以免爆炸性混合物进入外壳或足量的保护气体通过外壳，使内部的爆炸性混合物浓度降至爆炸下限以下	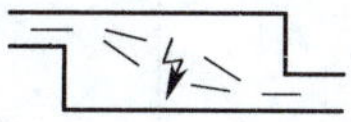
浇封型	m	将可能产生点燃爆炸性混合物的电弧、火花或高温的部分进行浇封，使其不能点燃周围的爆炸性混合物	

2. 防爆电气设备

在有发生火灾和爆炸危险的环境中使用的电气设备，结构上应能防止使用中由于产生火花、电弧或危险温度而引燃安装地点的爆炸性混合物。

（1）选用防爆电气设备的一般要求

选用防爆电气设备的要求主要有以下几个方面：

1）在进行爆炸性环境的电力设计时，应尽量把电气设备、特别是正常运行时会产生火花的电气设备，布置在危险性较小或非爆炸性环境中。火灾危险环境中表面温度较高的设备，应远离可燃物。

2）在满足生产工艺及安全的前提下，应尽量减少防爆电气设备的使用量。火灾危险环境中不宜使用电热器具，非用不可时应用非燃烧材料进行隔离。

3）防爆电气设备应有防爆合格证。

4）少用携带式电气设备。

5）可在建筑物上采取措施，把爆炸性环境限制在一定范围内，如采用隔墙法等。

（2）防爆电气设备的类型及标志

防爆电气设备的类型很多，性能各异。防爆电气设备的标志可放在铭牌右上方，设置清晰的永久性凸纹标志“Ex”；小型防爆电气设备及仪器仪表，可将标志牌铆或焊在外壳上，也可采用凹纹标志。

常用的防爆电气设备见表 2–8–4。

表 2-8-4　常用的防爆电气设备

类　型	图　示	说　明
防爆灯具		防爆照明灯由铝合金压铸外壳和钢化玻璃灯罩两部分组成 防爆标志灯采用铸铝合金外壳和透明标志牌，使用钢管或电缆布线，内装免维护镍镉电池组，在正常供电时自动充电，在事故或停电时应急灯自动点亮
防爆开关	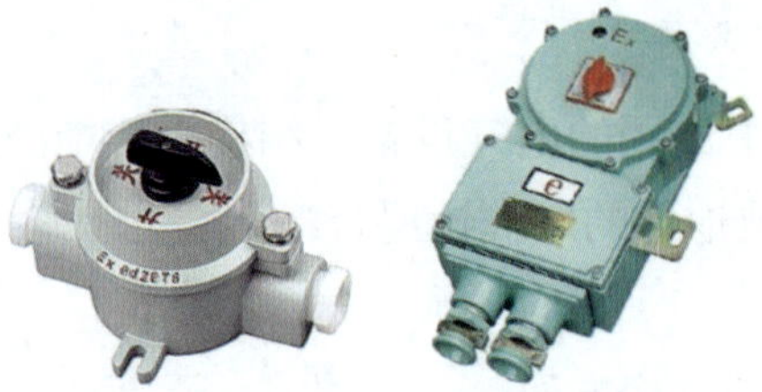	适用于电气线路中，供手动不频繁地接通和断开电路、换接电源和负载，以及作为控制 5 kW 以下三相异步电动机的直接启动、停止和换向的装置
防爆按钮	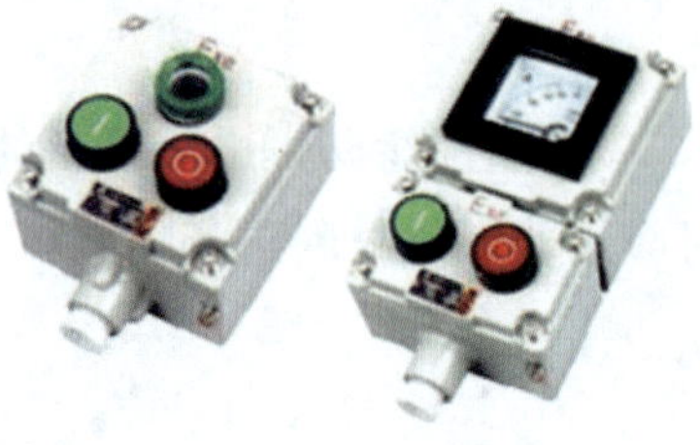	适用于在控制电路中发出指令，控制接触器、继电器等，再控制主电路。外壳采用密封式结构，具有防水、防尘等优点。所有紧固件均为不锈钢，可防强腐蚀
防爆接线盒	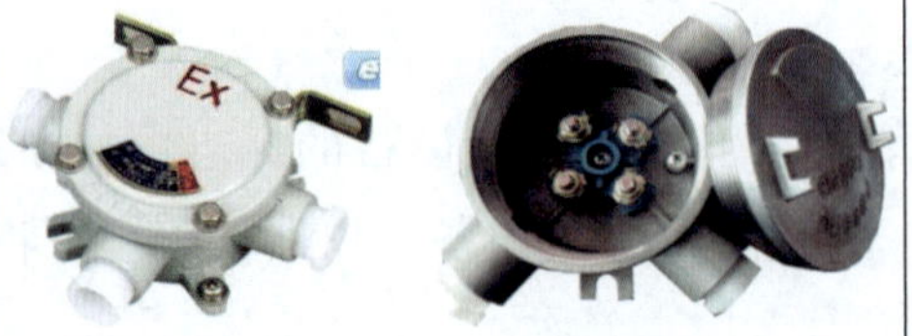	在盒内实现导线连接。外壳采用密封式结构，具有防水、防尘、防腐蚀等优点

续表

类 型	图 示	说 明
防爆电铃和防爆扬声器	 	适用于矿井作业场所中发出声音指令。外壳采用密封式结构，具有防气体爆炸、防尘、防腐蚀等特点
隔爆型异步电动机		隔爆型异步电动机除采用防爆结构外，电动机的工作原理与普通的异步电动机相同。隔爆型异步电动机的接线盒为独立的防爆空腔
隔爆兼本质安全型真空电磁启动器		QJZ 系列矿用隔爆型真空电磁启动器适用于有爆炸性气体（如甲烷等）和煤尘的矿井中，适用于频繁操作的机电设备，多用于交流 50 Hz、电压 1 140 V 及以下的电网中，就地或远距离控制隔爆型三相异步电动机的启动、停止及换向。可配备 RS-485 通信接口，实现与监控系统上位机通信

（3）防爆电气设备的安装

1）一般规定

①防爆电气设备的安装应符合现行国家标准《爆炸性环境　第 15 部分：电气装置的设计、选型和安装》（GB 3836.15—2017）和《可燃性粉尘环境用电气设备　第 1 部分：通用要求》（GB 12476.1—2013）的有关规定。

②防爆电气设备宜安装在金属制作的支架上，支架应牢固，有振动的电气设备其固定螺栓应有防松装置。

③防爆电气设备接线盒内部的接线紧固后，裸露带电部分之间及与金属外壳之间的电气间隙和爬电距离不应小于相关规范的规定。

④防爆电气设备的进线口与电缆、导线引入连接后，应保持电缆引入装置的完整性和弹性密封圈的密封性，并应将压紧元件用工具拧紧，且进线口应保持密封。多余的进线口其弹性密封圈和金属垫片、封堵件等应齐全，且安装紧固、密封良好。

⑤塑料透明件或其他部件，不得采用溶剂擦洗。

⑥事故排风机的按钮应单独安装在便于操作的位置，且应有醒目的特殊标志。

⑦灯具的安装应符合下列规定：

a. 灯具的种类、型号和功率应符合设计和产品技术条件的要求，不得随意变更。

b. 螺旋式灯泡应旋紧，接触应良好，不得松动。

c. 灯具外罩应齐全，螺栓应紧固。

⑧爆炸危险环境中电气设备的保护设置应符合设计要求。

2）隔爆型电气设备的安装

①隔爆型电气设备在安装前，应进行下列检查：

a. 设备的型号、规格应符合设计要求，铭牌及防爆标志应正确、清晰。

b. 设备的外壳应无裂纹、损伤。

c. 隔爆结构及间隙应符合要求。

d. 接合面的紧固螺栓应齐全，弹簧垫圈等防松设施应齐全、完好，弹簧垫圈应压平。

e. 密封衬垫应齐全、完好，无老化、变形，并应符合产品的技术要求。

f. 透明件应光洁、无损伤。

g. 运动部件应无碰撞和摩擦。

h. 接线板及绝缘件应无碎裂，接线盒盖应紧固，电气间隙及爬电距离应符合要求。

i. 接地标志及接地螺钉应完好。

②拆装隔爆型电气设备应符合下列规定：

a. 保护隔爆面，不得损伤。

b. 隔爆面上不应有砂眼、机械伤痕。

c. 无电镀或磷化层的隔爆面，可使用非凝结性润滑脂或防锈油，不得刷漆。

d. 组装时隔爆面上不得有锈蚀层。

e. 隔爆接合面的紧固螺栓不得任意更换，弹簧垫圈应齐全。

③隔爆型电机的轴与轴孔、风扇与端罩之间应间隙均匀、无摩擦，正常工作状态下不应发生碰擦。

④正常运行时产生火花或电弧的隔爆型电气设备，其电气联锁装置应可靠；当电源接通时壳盖不应打开，壳盖打开后电源不应接通；用螺栓紧固的外壳应检查“断电后开盖”警告牌，且外壳应完好。

⑤隔爆型插销的检查和安装，应符合下列规定：

a. 插头插入时，接地或接零触头应先接通；插头拔出时，主触头应先分断。

b. 插头应在开关处于分断位置时插入或拔脱，开关应在插头插入后再闭合。

c. 防止骤然拔脱的徐动装置应完好、可靠，不得松脱。

3. 爆炸危险环境的电气线路

（1）电气线路的敷设方式、路径应符合设计要求。设计无明确要求时，应符合下列规定：

1）电气线路应在爆炸危险性较小的环境或远离释放源的地方敷设，应符合下列规定：

①当可燃物质比空气重时，电气线路宜在较高处敷设或直接埋地；架空敷设时，宜采用电缆桥架；电缆沟敷设时，沟内应充砂，并设置排水措施。

②电气线路应在有爆炸危险的建筑物、构筑物的墙外敷设。

③在爆炸性粉尘环境中，电缆应在粉尘不易堆积且易于清除的位置敷设。

④当电气线路沿输送可燃气体或易燃液体的管道栈桥敷设时，若管道内的易燃物质比空气重，电气线路应敷设在管道的上方；若管道内的易燃物质比空气轻，电气线路应敷设在管道正下方的两侧。

2）敷设电气线路的沟道、电缆桥架或导管，所穿过的不同区域之间墙或楼板处的孔洞应采用非燃性材料严密堵塞。

3）在 1 区内电缆线路严禁有中间接头，在 2 区、20 区、21 区内不应有中间接头。

4）架空或用桥架敷设电缆时，宜采用阻燃电缆。用能防止机械损伤的桥架敷设电缆时，塑料护套电缆可采用非铠装电缆。在不存在鼠、虫等损害的 2 区、22 区电缆沟内敷设的电缆，可采用非铠装电缆。

（2）敷设电气线路时宜避开可能受到机械损伤、振动、腐蚀以及可能受热的地方；当不能避开时，应采取预防措施。

（3）爆炸危险环境内采用的低压电缆和绝缘导线，其额定电压必须高于线路的工作电压，且不得低于 500 V，绝缘导线必须敷设于钢管内。电气工作中性线绝缘层的额定电压必须与相线电压相同，且必须在同一护套或钢管内敷设。

（4）电气线路使用的接线盒、分线盒、活接头、隔离密封件等连接件的选型应符合现行国家标准《爆炸危险环境电力装置设计规范》（GB 50058—2014）的有关规定。

（5）当连接电缆或导线的终端时，电缆内部的导线如果为绞线，其终端应采用定型端子或接线鼻子进行连接。铝芯绝缘导线或电缆的连接与封端应采用压接、熔接或钎焊，当与设备（照明灯具除外）连接时，应采用铜 – 铝过渡接头。

（6）爆炸危险环境除本质安全电路外，采用的电缆或绝缘导线的型号、规格及芯线的最小截面积应符合设计规定，爆炸性环境电缆配线的技术要求应符合相关规定。

（7）架空线路严禁跨越爆炸性危险环境；架空线路与爆炸性危险环境的水平距离不应小于杆塔高度的 1.5 倍。

四、电气灭火

1．触电危险和断电

电气设备或电气线路发生火灾，如果没有及时切断电源，扑救人员身体或所持器械可能接触带电部分而造成触电事故。因此，发现起火后，首先要设法切断电源。切断电源时应注意以下几点：

（1）火灾发生后，由于受潮和烟熏，开关设备的绝缘能力降低，因此，拉闸时最好用绝缘工具操作。

安全提示

电气灭火须重视，
电弧火花生事端。
一旦起火速断电，
否则他人会触电。
泼水灭火应适当，
正确选用灭火器。

（2）高压下切断电源应先操作断路器，后操作隔离开关；低压下应先操作电磁启动器，后操作刀开关，以免引起弧光短路。

（3）切断电源的地点要选择适当，防止切断电源后影响灭火工作。

（4）剪断电线时，不同相的电线应在不同的部位剪断，以免造成短路。剪断空中的电线时，剪断位置应选择在电源方向的支持物附近，以防止电线剪断后落下来，造成接地短路和触电事故。

2．灭火器的原理、使用方法和适用范围

常用的灭火器有泡沫灭火器、二氧化碳灭火器、干粉灭火器等，其原理、使用方法和适用范围见表 2–8–5。

表 2–8–5　常用灭火器的原理、使用方法和适用范围

名　称	原理和使用方法	适用范围	图　示
泡沫灭火器	筒身内悬挂装有硫酸铝水溶液的玻璃瓶或聚乙烯塑料制的瓶胆，以及碳酸氢钠与泡沫剂的混合溶液。使用时将筒身倒过来，碳酸氢钠与硫酸铝水溶液混合后发生化学作用，产生二氧化碳气体泡沫并由喷嘴喷出	扑救油脂类、石油类产品及一般固体物质的初起火灾	 泡沫灭火器示意图 a）结构　b）使用方法 1—喷嘴　2—筒盖　3—螺母 4—瓶胆盖　5—瓶胆　6—筒身

续表

名 称	原理和使用方法	适用范围	图 示
二氧化碳灭火器	二氧化碳呈液态灌入钢瓶内，使用时液态二氧化碳从灭火器喷出后迅速蒸发变成固体（称为干冰），干冰在燃烧物体上迅速挥发变成气体，从而隔离空气 手提式二氧化碳灭火器主要有手轮式和鸭嘴式两种，大容量的有推车式。鸭嘴式灭火器的用法为一手拿喷筒对准火源，一手紧握鸭舌，使气体喷出。使用时不要用手触摸金属导管，也不要把喷筒对着人，以防冻伤。喷射方向应顺风	扑救贵重设备、档案资料、仪器仪表、额定电压为 600 V 以下的电器及油脂等的火灾。但不适用于扑灭金属钾、钠的燃烧。二氧化碳的导电性差，额定电压超过 600 V 的电器必须先停电后灭火	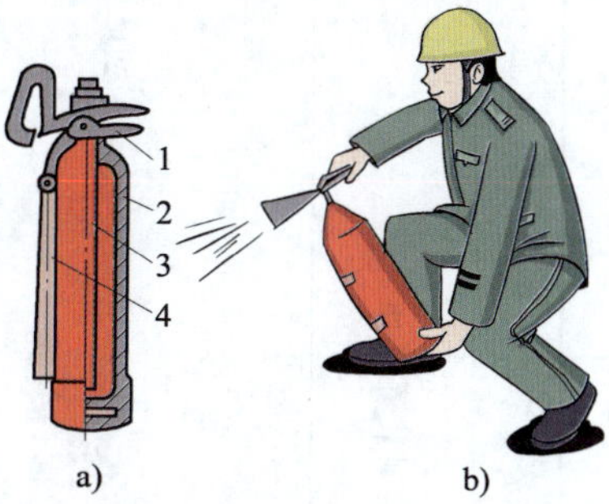 鸭嘴式二氧化碳灭火器示意图 a）结构 b）使用方法 1—启闭阀门 2—器筒 3—虹吸管 4—喷筒
干粉灭火器	干粉灭火器有手提式和推车式两种。使用时，一手先打开保险销，把喷管口对准火源，一手紧握导杆提把，将顶针压下，干粉即喷出	扑救石油及其产品、可燃气体和电气设备的初起火灾	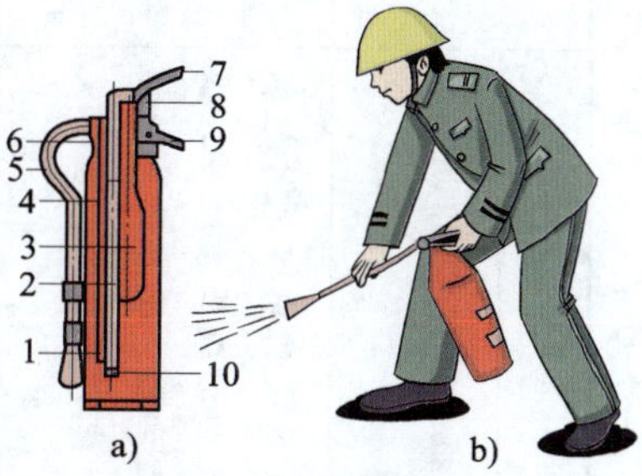 干粉灭火器示意图 a）结构 b）使用方法 1—进气管 2—出粉管 3—钢瓶 4—粉筒 5—喷管 6—筒盖 7—后把 8—保险销 9—提把 10—防潮堵

五、自动喷水灭火系统

自动喷水灭火系统是按适当的间距和高度，装置一定数量喷头的供水灭火系统，主要由喷头、阀门、报警控制装置和管道附件等组成。它广泛用于高层建筑、大型公寓、楼宇、商场等各种可用水灭火的场所。

自动喷水灭火系统按组成部件和工作原理的不同可分为湿式喷水灭火系统、干式喷水灭火系统、预作用式喷水灭火系统、雨淋灭火系统、水喷雾灭火系统和水幕灭火系统 6 种类型，这里主要介绍湿式喷水灭火系统和水喷雾灭火系统，具体见表 2-8-6。

表 2-8-6　自动喷水灭火系统

类　型	湿式喷水灭火系统	水喷雾灭火系统
组　成	由湿式报警装置、闭式喷头、管道等组成，在报警阀上、下管道内经常充满水	由喷雾喷头、管道、控制装置等组成
原　理	温度升高达到预定的动作温度范围时，闭式喷头的感温元件控制喷头自动打开喷水灭火。这时因管网内水的流动形成压差，湿式报警阀打开，驱动水力警铃报警。同时，水流指示器、压力开关动作并发出信号，送至湿式报警控制箱，通过声、光信号报警，显示火灾发生的具体位置，启动水泵保证供水，接通应急广播、消防照明、诱导指示器等。这一系列动作在喷头开始喷水后大约 30 s 内即可完成	发生火灾时，通过火灾探测系统控制雨淋阀来实现系统管道内的给水，并设有手动开启阀门装置
特　点	结构简单，使用可靠，灭火速度快，控制率高，因此应用广泛，使用量占自动喷水灭火系统的 75% 以上	既能控制和扑灭火灾，又能阻止邻近的火灾蔓延
图　示	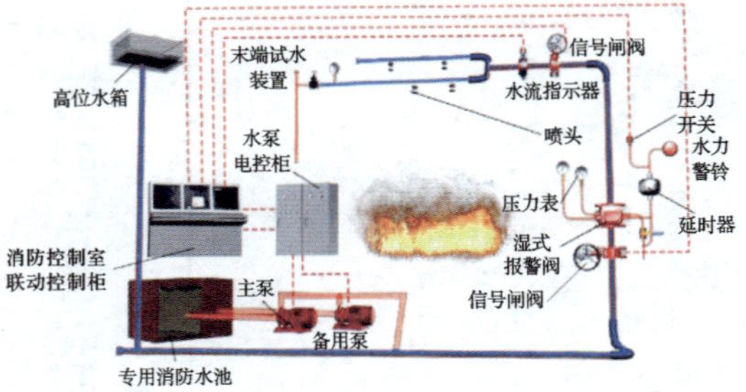 湿式喷水灭火系统	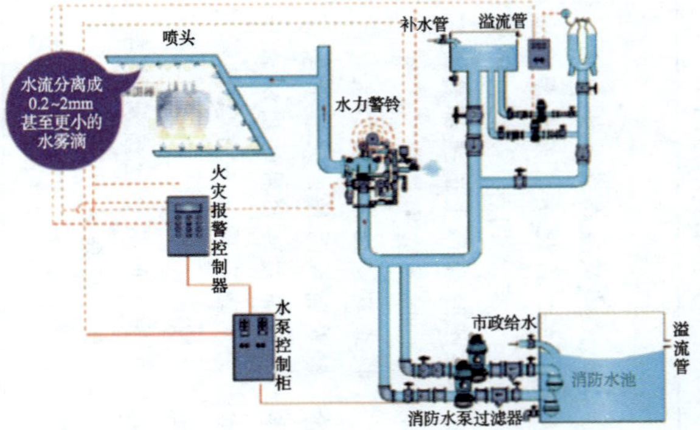 水喷雾灭火系统

小提示

充油电气设备的灭火

充油电气设备的油，其闪点多为 130 ~ 140 ℃，有较大的危险性。如果只在该设备外部起火，可用二氧化碳灭火器和干粉灭火器带电灭火。若火势较大，应切断电源，并可用水灭火。当油箱被破坏、喷油燃烧且火势很大时，除切断电源外，有事故储油坑的应设法将油放进储油坑，坑内和地面上的油火可用泡沫灭火器扑灭。

发电机和电动机等旋转电机起火时，为防止轴和轴承变形，可让其慢慢转动，用喷雾水灭火，并使其均匀冷却；也可用二氧化碳或蒸气灭火，但不宜用干粉、沙子或泥土灭火，以免损伤电气设备的绝缘。

知识拓展

发生火灾时的逃生技巧

一、熟悉环境，暗记出口（图 2–8–1）

在公众场所时，务必留心疏散通道、安全出口及楼梯方位等。当遇到大火燃起、浓烟密布时，才有可能摸清道路，尽快逃离现场。

图 2–8–1　熟悉环境，暗记出口

二、清理出口，保证畅通

楼梯、通道、安全出口等是火灾发生时最重要的逃生之路，应保证其畅通无阻，并能够经常督促邻居或朋友，切不可在出口堆放杂物或设闸上锁。

三、保持镇静，快速撤离

突遇火灾，首先要强令自己保持镇静，快速判断危险地点和安全地点，决定逃生的办法，千万不要盲目地跟从人流相互拥挤、乱冲、乱撞。撤离时，要注意往室外空

图2-8-2 简易防护，不可缺少

旷的地方跑。当火势不大时，要尽量往楼层下面跑，若通道被烟火封阻，则应向背火方向跑，逃至天台、阳台等处。

四、简易防护，不可缺少（图2-8-2）

突遇火灾，可用毛巾、口罩等蒙住口、鼻，用水浇身，匍匐前进。因为烟气较空气轻而飘于上部，贴近地面逃离是避免烟气吸入的最佳方法。

五、善用通道，莫入电梯

普通电梯在发生火灾时常因断电而突然停止，有可能把人困在其中。由于电梯井具有烟囱效应，发生火灾时，电梯井通常是烟雾的聚集地，因此容易使人窒息死亡。

六、缓降逃生，滑绳自救

高层建筑可备用高空缓降器或救生绳，被困者可以通过这些设施安全离开危险楼层。也可用身边的绳索、床单、窗帘、衣服自制简易救生绳并用水浸湿，从窗户或阳台沿绳缓滑到下面楼层。

七、发出信号，寻求救援

被困者要尽量待在阳台、窗口等易于被人发现和能避免烟火近身的地方，及时发出求救信号，引起救援人员的注意。在失去知觉前，应努力滚到墙边，以便于消防人员寻找和营救，因为消防人员进入室内通常都是沿着墙壁摸索前进的，如图2-8-3所示。

图2-8-3 发出信号，寻求救援

八、火已烧身，切勿惊跑

火已烧身时，千万不可惊跑拍打，因为奔跑和拍打时会形成风势，使火势更旺。最佳办法是设法脱掉衣服或就地翻滚，压灭火苗。

§2-9 静电防护

学习目标

1. 了解静电的产生和危害。
2. 熟悉静电的防护措施。

静电现象是一种常见的带电现象，如在干燥天气里用塑料梳子梳头，可听到“噼啪”的放电声。所谓静电，并非绝对静止的电，而是在宏观范围内暂时失去平衡的相对静止的正电荷和负电荷。

静电在生产生活中有很多应用，如电喷漆、静电复印、静电除尘、静电植绒等，但这些都是利用由外来能源产生的高压静电场来进行工作的。本节介绍的静电主要是生产工艺过程中产生的有害静电，这类静电可能引发爆炸或其他危险。

一、静电的产生

实验证明，只要两种物质紧密接触而后再分离，就可能产生静电。人在活动过程中，衣服、鞋以及所携带的用具与其他材料摩擦或接触分离时，粉体物料的研磨、搅拌、筛分或高速运动时，蒸气或气体在管道内高速流动或由阀门、缝隙高速喷出时，固体物质的粉碎及液体在流动、过滤、搅拌、喷雾、喷射、飞溅、冲刷、灌注和剧烈晃动等过程中，都可能产生强烈的静电。

二、静电的危害

1. 爆炸和火灾

静电的能量虽然不大，但因其电压很高而容易发生放电。如果所在场所有易燃物质或由易燃物质形成的爆炸性混合物（包括爆炸性气体和蒸气），以及爆炸性粉尘等，即可能由静电火花引起爆炸或火灾。

对于静电引起的爆炸和火灾，就行业而言，以炼油、化工、橡胶、造纸、印刷和粉末加工等行业事故最多；就工艺种类而言，以输送、装卸、搅拌、喷射、开卷和卷绕、涂层、研磨等工艺过程事故最多。

2. 静电电击

静电电击不是电流持续通过人体的电击，而是静电放电造成的瞬间冲击性的电击。

对于静电，人体相当于导体，放电时其有关部分的电荷一次性消失，即能量集中释放，危险性较大。但这种危险性主要是就引起爆炸和火灾而言的，对于静电电击来说，由于生产工艺过程中积累的静电能量总是有限的，一般不能达到致命的程度。

3. 妨碍生产

在某些生产过程中，若不消除静电，将会妨碍生产或降低产品质量。如在电子行业，生产过程中产生的静电可能引起计算机、继电器、开关等设备中的电子元件误动作，可能对无线电设备产生干扰，还可能击穿集成电路的绝缘等。

静电放电的常见形式见表 2-9-1。

表 2-9-1　静电放电的常见形式

类　型	图　示	说　明
电晕放电		电晕放电发生在带电体尖端或其他曲率半径很小处附近的局部区域内。在这些很小的区域内，电场强度很高，气体分子发生电离，产生薄薄的电晕层，形成电晕放电。有时，电晕放电还伴有“嘶嘶”声和淡蓝色光
刷形放电	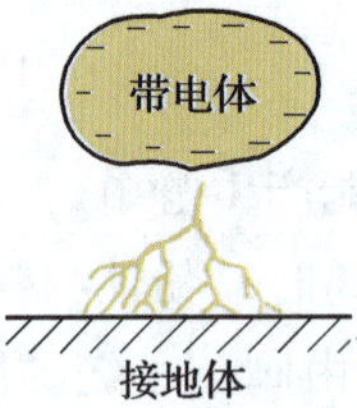	刷形放电是火花放电的一种，其放电通道有很多分支，而不是集中在一点，放电时伴有声光。绝缘体束缚电荷的能力很强，其表面容易出现刷形放电。同一带电绝缘体与其他物体之间可能发生多次刷形放电 刷形放电释放的能量不超过 4 mJ，其局部能量密度具有引燃一些爆炸性混合物的能力
传播型刷形放电	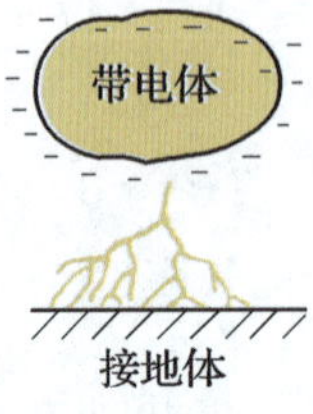	传播型刷形放电又称为沿面放电，只有当绝缘体的表面电荷密度较大时才可能发生，但在常温、常压下，所需的高电荷面密度较难出现，因为在空气中单极性绝缘体表面带有不同电荷密度的极限值约为 $2.7\times10^{-4}\ C/m^2$，超过时就会使空气电离

续表

类 型	图 示	说 明
火花放电	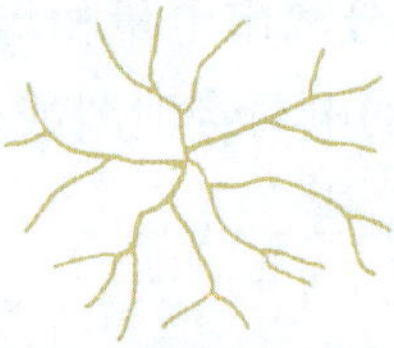	火花放电是指放电通道的火花集中，即电极上有明显放电集中点的放电。火花放电时伴有短促的爆裂声和明亮的闪光。在易燃易爆场所，火花放电有很大的危险
雷型放电	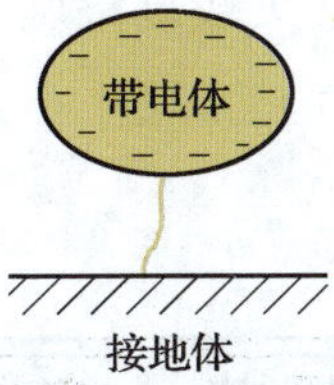	当悬浮在空气中的带电粒子形成大范围、高电荷密度的空间电荷云时，可能发生闪电状的雷型放电。雷型放电能量大、引燃危险大

三、静电的防护措施

静电最为严重的危险是引起爆炸和火灾。因此，静电安全防护主要是对爆炸和火灾的防护。当然，其中的一些防护措施对于防护静电电击和消除妨碍生产的危害也同样是有效的。

1. 环境危险程度的控制

静电引起爆炸和火灾的条件之一是有爆炸性混合物存在。为了防止静电的危害，可采取以下措施：

（1）取代易燃介质。

（2）降低爆炸性混合物的浓度。

（3）减少氧化剂含量。

比较常见的是充填氮或二氧化碳，以降低混合物的含氧量。但是，对于镁、铝、锆、钍等粉尘爆炸性混合物，充填氮或二氧化碳是无效的，这时，可充填惰性气体，以防止发生爆炸和火灾。

2. 工艺控制

工艺控制是指从工艺上采取适当的措施，限制和避免静电的产生与积累。工艺控制的方法很多，是消除静电危害的重要方法之一。

（1）材料的选用

在存在摩擦且容易产生静电的场合，生产设备宜配备与生产物料相同的材料。在有静电危险的场所，工作人员不应穿着丝绸、人造纤维或其他易产生静电的衣服，以免产生危险静电。

（2）降低摩擦速度或流速

降低摩擦速度或流速等工艺参数可限制静电的产生。

（3）增强静电消散过程

在产生静电的工艺过程中，总是包含着静电产生和静电消散两个区域。两个区域中电荷交换的规律是不一样的。在静电产生的区域主要是分离出电量相等而电性相反的电荷，即产生静电；在静电消散的区域，带静电物体上的电荷经泄漏或松弛而消散。基于这一规律，设法增强静电的消散过程，可消除静电的危害。

（4）消除附加静电

工艺过程中产生的附加静电可以设法减轻。如使注油管头接近罐底，以减轻从罐顶注油时的冲击，减少注油时产生的静电等。

3. 导体接地和屏蔽

（1）导体接地

导体接地是消除静电危害最常见的方法，它主要是消除导体上的静电。图 2-9-1 所示的危险品运输车辆采用了金属链接地。

图 2-9-1　金属链接地

（2）屏蔽

屏蔽是用接地导体（即屏蔽导体）靠近带静电体放置，以增大带静电体的对地电容，降低带静电体的静电电位，从而减轻静电放电危险的方法。此外，屏蔽还能减小可能的放电面积，限制放电能量，防止静电感应。应当注意的是，屏蔽不能消除静电电荷。

4. 增湿

对于表面容易形成水膜，即对于表面容易被水润湿的绝缘体，如醋酸纤维、硝酸纤维素、纸张、橡胶等，可用增湿的方法消除静电；对于表面不能形成水膜的绝缘体，是否允许增湿以及允许增湿的范围，需根据生产要求确定。空气的相对湿度在很大程度上受温度的影响，增湿的方法不宜用于消除高温环境中绝缘体上的静电。

5. 使用抗静电添加剂

抗静电添加剂是化学药剂，具有良好的导电性和较强的吸湿性。因此，在容易产生静电的高绝缘材料中加入抗静电添加剂之后，能降低材料的体积电阻率或表面电阻率，加速静电的泄漏，消除静电的危害。

使用抗静电添加剂是从根本上消除静电危害的办法，但应注意防止某些抗静电添加剂的毒性和腐蚀性造成的危害。对于悬浮粉体和蒸气静电，因其每一微小的颗粒（或小珠）都是互相绝缘的，所以任何抗静电添加剂都不起作用。

6. 使用静电中和器

静电中和器又叫静电消除器，是能产生电子和离子的装置。与抗静电添加剂相比，静电中和器具有不影响产品质量、使用方便等优点。静电中和器应用很广，种类很多，按照工作原理和结构不同，大体上可以分为感应式静电中和器、高压式静电中和器、放射线式静电中和器三种，见表 2-9-2。

表 2-9-2 静电中和器的分类、特点及用途

类 型	图 示	特 点	用 途
感应式静电中和器	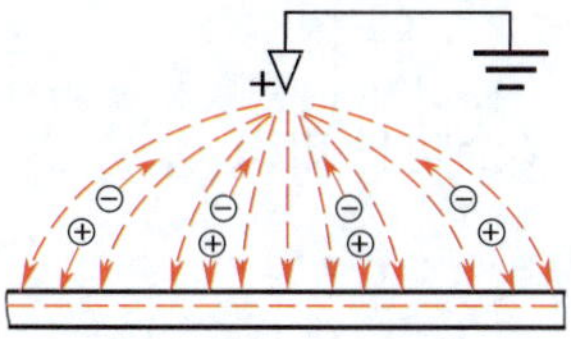	不需要外加电源，结构简单，制作容易，安装和维修也比较方便，引燃危险性很小。但消除静电不够彻底，而且作用范围小，作用范围半径一般只有 10 ~ 20 mm	用于橡胶、塑料、造纸、纺织、化工等行业。感应式静电中和器应装在静电电压较高的位置
高压式静电中和器	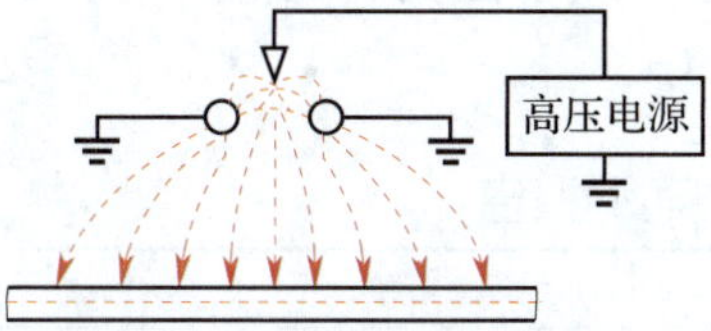	结构和维修都比较复杂；除直流高压静电中和器外，其他高压静电中和器的作用范围也都很小。由于是外接高压电源来产生电晕的，其消除静电比较彻底	用于化工、橡胶、塑料、印刷、纺织等行业
放射线式静电中和器	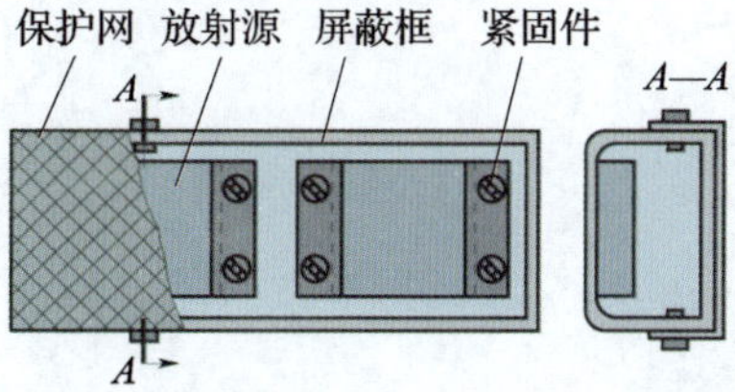	结构简单，不要求外加电源，而且工作时不产生火花，但其消除静电的效能差。此外，必须注意防止放射线式静电中和器一切可能出现的放射线的危害	用于化工、橡胶、纺织、造纸、印刷等行业

知识拓展

电气灭火安全知识

当电气设备发生火警时，电工作业人员应运用正确的灭火知识，指导和组织人们采取正确的方法灭火。

（1）发生火警时，应立即切断电源，防止火情蔓延和灭火时发生触电事故。

（2）不可用水或泡沫灭火器灭火，尤其是有油类的火警，应采用黄沙、二氧化碳、二氟二溴甲烷或干粉灭火器灭火。

（3）灭火人员不可使身体或手持的灭火器材触及带电的导线或电气设备，以防触电。灭火时，人体与带电体之间应保持必要的安全距离。用二氧化碳等不导电灭火剂的灭火器灭火时，机体、喷嘴至带电体的最小距离在电压为 10 kV 时不应小于 0.4 m，在电压为 35 kV 时不应小于 0.6 m。

（4）对架空线路等空中电气设备进行灭火时，人体所处位置与带电体之间的仰角不应超过 45°。

参观教学

一、参观目的

参观发电厂或单位变、配电室，熟悉有关的安全防护知识。

二、参观报告

根据本章教学内容的要求，参观当地发电厂或单位变、配电室中设置的各种安全防护设施，并将参观活动的情况记入实训表 1 中。

实训表 1　参观活动报告

参观单位					
姓名		班级		参观时间	
参观过程记录					
参观过程中的疑问					
收获与感想					

实训　漏电保护器的使用

一、实训目的

1. 掌握漏电保护器的动作电流和动作时间的测试方法。

2. 掌握漏电保护器的安装要求及方法。

二、实训内容

1. 漏电保护器的动作特性试验

（1）实训电路

家用漏电保护器电路按实训图 1 所示进行接线。

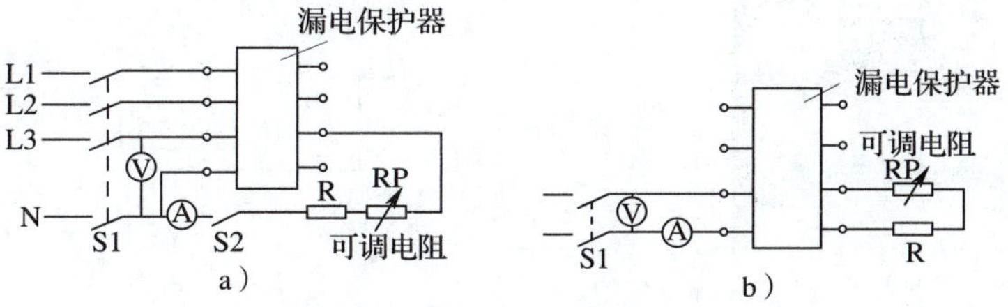

实训图 1 漏电保护器实训电路

a）实训电路 1 b）实训电路 2

（2）实训项目

根据电源的形式，漏电保护器应按以下要求在每一级上连续进行 5 次试验：

1）漏电电流稳定增加时，测量动作电流值。

2）漏电电流为额定漏电动作电流时，测量漏电保护器的动作时间。

3）突然出现漏电电流时，测量漏电保护器的动作时间。

（3）实训方法

1）在电源电压为 80% ~ 110% 的额定电压范围内进行试验。

2）动作电流测试。实训电路选择实训图 1a 或实训图 1b，根据被测样品的形式而定。以实训图 1a 为例，接入漏电保护器，闭合开关 S1、S2，调节可调电阻 RP，使漏电电流逐渐增加，从 $0.2I_{\triangle n}$ 达到 $I_{\triangle n}$，且应在 30 s 内完成。脱扣器动作时的漏电电流即为额定漏电动作电流。

3）动作时间检验。接入漏电保护器，闭合开关 S1、S2，调节可调电阻 RP，将脱扣器动作时的漏电电流整定为额定漏电动作电流，测量漏电保护器的动作时间。

4）当开关 S2 闭合、漏电保护器处于接通状态时，闭合开关 S1，使电路突然出现漏电电流，测量漏电保护器的动作时间。

2. 漏电保护器的接线试验

（1）安装带有漏电保护开关的 TN 系统分支级配电盘

带有漏电保护开关的 TN 系统分支级配电盘的实物图和接线图如实训图 2 所示。安装注意事项如下：

1）用电设备的电流不得超过插座及配电箱的额定电流，金属配电箱外壳必须可靠接地。

2）每次使用配电箱时，必须在漏电保护器合闸通电的状态下按“试验”按钮，检查漏电保护器是否正常、可靠。

3）漏电保护器因被控制线路发生故障（漏电过载和短路）而分闸，再合闸时应查明原因，排除故障后再合闸。

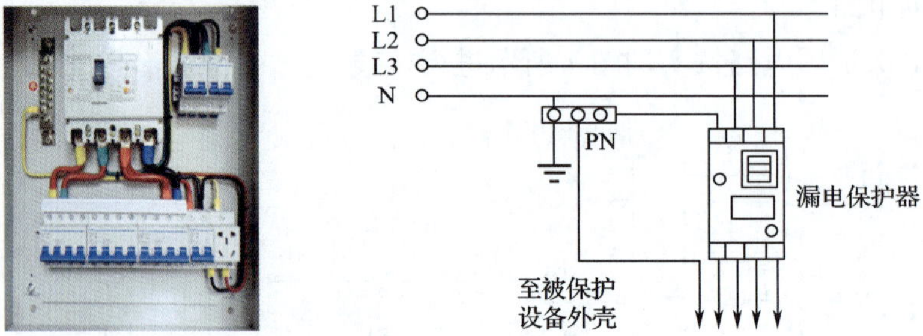

a）　　　　b）

实训图 2　带有漏电保护开关的 TN 系统分支级配电盘的实物图和接线图

a）实物图　b）接线图

4）自动开关、漏电保护器的漏电、过载、短路保护特性均由制造厂整定，用户不可随意调节。

5）配电箱与用电设备之间实行“一机一闸”制，严禁“一闸多机”。

6）配电箱应每月进行保养和维护，防止发生意外事故。

7）配电箱对同时接触被保护电路两线所引起的触电危险不能进行保护。

（2）安装单相家庭生活用电漏电保护器

根据单相家庭生活用电漏电保护器的实物图和接线图完成接线试验（实训图 3）。

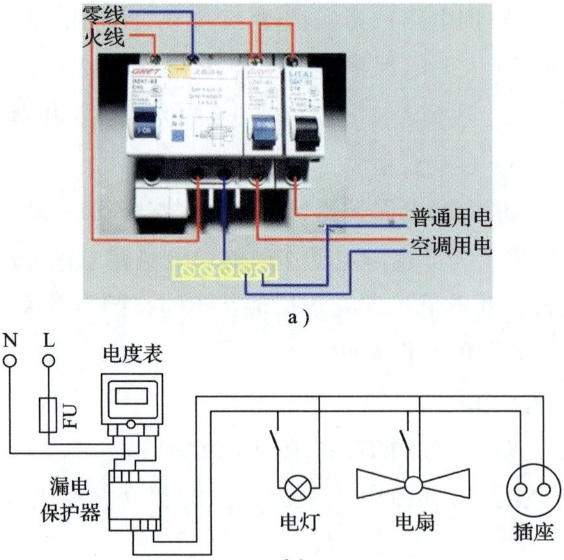

a）

b）

实训图 3　单相家庭生活用电漏电保护器的实物图和接线图

a）实物图　b）接线图

巩固练习

1. 举例说明几种常见标志牌的作用。
2. 绝缘事故产生的原因有哪些?
3. 什么是 TN 系统? TN 系统分为哪几种形式?
4. 保护接地的接地电阻是如何规定的?
5. 什么是保护接地? 什么是保护接零? 两者有何区别?
6. 为什么采取了保护接地(或接零)措施，还要装设漏电保护器?
7. 何为自然接地体? 采用自然接地体时应注意哪些问题?
8. 如何选择照明线路、动力线路中漏电保护器的动作电流?
9. 低压线路为什么会发生火灾? 如何预防?
10. 如何防止电气火灾和爆炸的发生? 带电灭火有哪些注意事项?
11. 安装漏电保护器时应注意哪些问题?
12. 常见的防爆电气设备有哪些类型?
13. 人体如何对外部过电压进行防护?
14. 防直击雷保护有哪些主要措施?
15. 对于电气设备，应如何进行防雷击处理? 应注意些什么?
16. 静电有哪些危害? 防止静电危害有哪些主要措施?

第三章
电气设备及线路的安全运行

§3-1　变配电设备的运行和操作

学习目标

1. 熟悉常见的变配电设备。
2. 熟悉变配电设备运行与维护的一般要求。
3. 了解巡视检查的注意事项。
4. 了解开关柜的巡视检查项目和停电后的检修要求。
5. 掌握变配电设备的倒闸操作。

一、常见的变配电设备

安全提示

电气设备应健康，
变配电室有消防，
安全用具需完善，
主要设备标色相。

电气设备是指按功能和结构适用于电能应用的产品或部件。例如，发电、输电、配电、储存、测量、控制、调节、转换、监督、保护和消费电能的产品，以及通信技术领域中的及由它们组合成的电气设备、电气装置和电气器具。电气装置是为了实现特定目的且具有互相协调特性的电气设备的组合。

变压器是电力系统中使用较多的一种电气设备，它对电能的经济传输、灵活分配和安全使用起着举足轻重的作用。在其他部门中，也广泛使用着各种类型的变压器，以提供特种电源或满足特殊的用途。

电力变压器是变电所内最关键的设备，除此之外，还有许多变配电设备参与运行，其常见种类见表 3-1-1。

在工厂供配电系统中担负输送、变换和分配电能任务的电路，称为主电路（一次电路）；用来控制、指示、监测和保护主电路及主电路中设备运行的电路，称为二次电路。

一次电路中的所有电气设备，称为一次设备或一次元件；二次电路中的所有电气设备，称为二次设备或二次元件。

表 3–1–1 常见的变配电设备

设备名称	设备外形	设备特点
油浸式有载变压器		储油柜采用隔膜式，使变压器油与大气隔离，避免油受潮和老化。储油柜端头装有磁铁式油表，可直接查看油面位置。变压器具有完善的导油、导气管路系统，变压器油箱顶部装有两个压力释放器，当变压器内部压力达到一定值时，能可靠释放能量，确保设备的安全运行 图中变压器的有载分接开关带有电动驱动机构，为复合式结构
干式变压器		干式变压器在我国使用很普遍。此类变压器发生故障后不会爆炸，广泛用于高层建筑、地铁、车站、机场、商业中心以及政府机关、电台、电视台等要害部门
S13 系列全密封电力变压器		新型全密封变压器省去了储油柜装置，采用波纹油箱，油箱可随内部温度升高而产生一定变形，使变压器进行自主“呼吸”。此种全密封变压器可以十几年免维护，目前多应用于城市供电
固定式高压开关柜	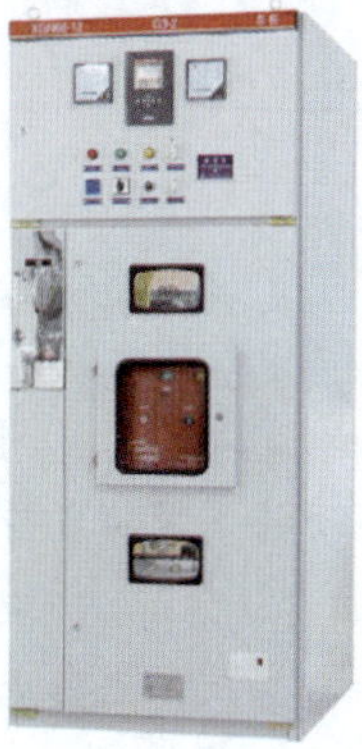	高压成套配电装置（高压开关柜）是按不同用途的接线方案，将所需的高压设备和相关一、二次设备组装而成的成套设备，用于供配电系统的控制、监测和保护。固定式高压开关柜柜内的所有电器部件都固定在不能移动的台架上，构造简单，也较为经济，一般在中、小型工厂使用

续表

设备名称	设备外形	设备特点
抽屉式低压开关柜	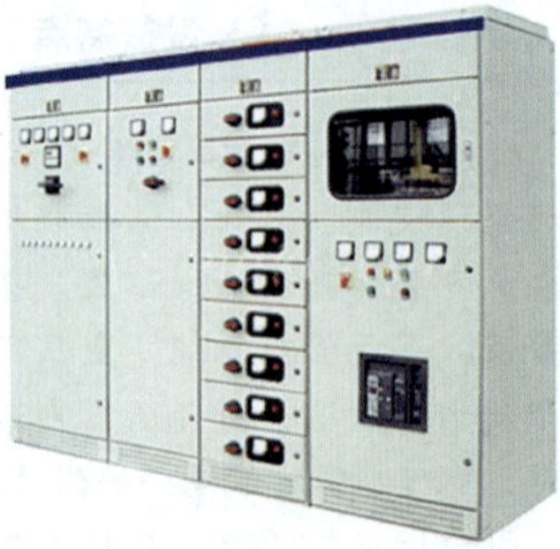	低压成套配电装置一般称为低压配电屏，包括低压开关柜和配电箱，是按一定的接线方案将有关一、二次设备组装而成的低压成套设备，在低压系统中可作为控制、保护和计量装置，分为固定式和抽屉式。抽屉式低压开关柜的安装方式为抽出式，每个抽屉为一个功能单元，按一、二次接线方案要求将有关功能单元的抽屉叠装安装在封闭的金属柜体内。这种开关柜适用于三相交流系统中，可作为电动机控制中心的配电和控制装置
箱式变电站		组合式变电站又称为箱式变电站，它把变压器和高、低压电气设备按一定的一次接线方案组合在一起，置于一个箱体内，是将高压柜、变压器、低压柜、计量单元及智能系统优化组合成的完整的智能化配电成套装置 新型组合式变电站具有变电、电能计量、无功补偿、动力配电、照明配电等多种功能，目前广泛用于城市高层建筑、居民小区、市政设施、公路、码头及临时施工用电等场所
FN3 型户内高压负荷开关		高压负荷开关能通断正常的负荷电流和过负荷电流，隔离高压电源 高压负荷开关只有简单的灭弧装置，因此，它不能切断或接通短路电流，使用时通常与高压熔断器配合，利用高压熔断器来切断短路故障
GW4 型户外交流高压隔离开关		高压隔离开关具有明显的分断间隙，因此，它主要用来隔离高压电源，保证安全检修，并能通断一定的小电流。它没有专门的灭弧装置，不允许切断正常的负荷电流，更不能用来切断短路电流

二、变配电设备的运行与维护

1. 一般要求

（1）在有人值班的变电所内，应每小时抄表一次。若变压器在过负荷下运行，则至少每半小时抄表一次。

（2）无人值班的变电所，应于每次定期巡视时，记录变压器的电压、电流和上层油温。

（3）定期对电力变压器进行外部检查。电力变压器停电时，应先停负荷侧，后停电源侧；送电时，应先接通电源侧，再依次接通负荷侧。

2. 巡视检查项目

（1）检查变压器的声响是否正常。正常的声响是均匀的“嗡嗡”声。若声响较平常沉重，说明变压器过负荷；若声响尖锐，说明电源电压过高。

（2）检查油温是否超过允许值。变压器上层油温一般不超过 85 ℃，最高不超过 95 ℃。油温过高，可能是变压器过负荷引起的，也可能是变压器内部出现故障。

（3）检查油枕及气体继电器的油位和油色，检查各密封处有无渗油和漏油现象。若油面过高，可能是冷却装置运行不正常或变压器内部故障等引起的；若油面过低，可能是有渗油。变压器油正常应为透明略带浅黄色，若油色变深、变暗，则说明油质变坏。

（4）检查瓷套管是否清洁，有无破损裂纹和放电痕迹；检查高低压接头的螺栓是否紧固，有无接触不良和发热现象。

（5）检查防爆膜是否完整无损；检查吸湿器是否畅通，硅胶是否已吸湿饱和。

（6）检查接地装置是否完好。

（7）检查冷却、通风装置是否正常。

（8）检查变压器及其周围有无其他影响其安全运行的异物（如易燃、易爆物体等）和异常现象。

在巡视中发现的异常情况，应记入专用记录簿内；重要情况应及时汇报主管部门，并请示处理。

3. 巡视检查注意事项

（1）不论高压设备带电与否，值班员均不得单独移开或越过遮栏进行工作。若有必要移开遮栏时，必须有监护人在场，并符合《电力安全工作规程　发电厂和变电站电气部分》（GB 26860—2011）规定的设备不停电时的安全距离：10 kV 及以下为 0.7 m，20 ~ 35 kV 为 1 m①。

（2）雷雨天气巡视室外高压设备时，应穿绝缘靴，并不得靠近避雷器和避雷针，

① 未列电压等级按高一挡电压等级的安全距离。

接触设备的外壳和构架时应戴绝缘手套。

4. 开关柜的检查和检修

开关柜的检查和检修可参照表 3-1-2 的要求进行。

表 3-1-2　开关柜的检查和检修

主要设备	运行中的巡视检查项目	停电后的检修要求
固定式高压开关柜	（1）开关柜中各电气元件在运行中是否有异常响声和气味 （2）运行中的注油设备油位是否正常，油色是否变黑，有无渗漏现象 （3）用红外线测温仪或示温蜡片检查各连接部分是否过热 （4）仪表及指示灯是否指示正确 （5）接地和接零装置的连线有无松脱和断线	（1）应按具体情况对柜中装设的断路器进行大修、小修及达到允许遮断故障次数后的内检、试验 （2）支持绝缘子及穿墙套管应清洁、无裂纹及放电痕迹 （3）各电气连接部分的接触应可靠，并涂有中性凡士林 （4）框架的固定应牢固、无松动现象 （5）断路器及隔离开关的传动部分应可靠、灵活 （6）断路器与隔离开关的闭锁应可靠、灵活
手车式高压开关柜	（1）开关柜中各电气元件在运行中是否有异常响声和气味 （2）仪表及指示灯指示是否正常	（1）手车开关隔离触头的弹簧弹性良好，触指应无烧伤痕迹，触头涂中性凡士林 （2）手车推入、拉出应灵活、无卡阻，一次隔离触头的中心线应与水平中心线和垂直中心线相重合，动、静触头的底面间隙应为（15±3）mm （3）接地触头的表面应清洁，接触电阻不应大于 1 Ω （4）断路器的防误闭锁可靠 （5）断路器及接地隔离开关的传动部分应可靠、灵活
低压开关柜	（1）空气断路器及刀开关拉合是否可靠、灵活 （2）各电气连接部分是否可靠 （3）各电器元件的固定是否牢固、可靠 （4）可动触头与固定触头接触是否可靠 （5）各电器元件是否清洁	（1）安装在柜内的电器，应能方便更换，更换时不影响其他回路运行 （2）空气断路器及刀开关拉合可靠、灵活 （3）各电气连接部分可靠，并涂中性凡士林 （4）各电器元件的固定应牢固、可靠 （5）抽屉式开关柜中的抽屉应能互换 （6）可动触头与固定触头接触可靠 （7）各电器元件应清洁、无尘土

三、变配电设备的倒闸操作

倒闸操作是指拉开或合上某些断路器和隔离开关、直流回路，切除或投入继电保护装置，拆装临时接地线等操作。送电时，倒闸操作顺序为先合母线侧刀闸，再合线路侧刀闸，最后合上开关。

倒闸操作的基本要求是：

1. 倒闸操作必须填写倒闸操作票，倒闸操作票格式示例如图 3-1-1 所示。

供电局（或线路工区）倒闸操作票　　　　编号：

<table>
<tr><td colspan="3">操作开始时间：　年　月　日　时　分，操作结束时间：　年　月　日　时　分</td></tr>
<tr><td colspan="3">操作任务：</td></tr>
<tr><td>操作完成打“√”</td><td>顺序</td><td>操作项目</td></tr>
<tr><td></td><td></td><td></td></tr>
<tr><td></td><td></td><td></td></tr>
<tr><td></td><td></td><td></td></tr>
<tr><td></td><td></td><td></td></tr>
<tr><td></td><td></td><td></td></tr>
<tr><td></td><td></td><td></td></tr>
<tr><td></td><td></td><td></td></tr>
<tr><td colspan="3">备注：</td></tr>
</table>

操作人：　　　　监护人：　　　　工作许可人：

图 3-1-1　倒闸操作票格式示例

2. 每张操作票只能填写一个操作任务。

3. 操作票应填写设备的双重名称，即设备名称和设备编号。

4. 倒闸操作人填写操作票，票面应清楚、整洁，不得随意涂改；操作人和监护人应根据模拟屏核对所填写的操作项目，并分别签名。

5. 倒闸操作必须由两人执行，其中对设备较为熟悉者作为监护人。倒闸操作安全作业要点见表 3–1–3。

安全提示

电气操作两人制，
一个任务一张票。
操作先看分合位，
再核设备名称号。
送电先送总开关，
停电先断分开关。

6. 开始操作前，应核对设备名称、编号和位置，模拟预演无误后方可进行设备的操作，操作中应认真执行监护复诵制。

表 3–1–3　倒闸操作安全作业要点

作业项目	安全隐患	安全作业要点
停送柱上开关、隔离开关或跌落式熔断器	高低压感应电	（1）倒闸操作要严格执行操作票，严禁无票操作 （2）倒闸操作应由两人进行，一人操作，一人监护 （3）操作机械传动的开关或刀闸应戴绝缘手套；操作没有机械传动的开关或刀闸，应使用合格的绝缘杆；雨天操作应使用有防雨罩的绝缘杆 （4）雷电天气时严禁进行开关倒闸操作 （5）登杆操作时，操作人员严禁穿越和碰触低压导线（含路灯线）
	弧光灼伤	（1）杆上同时有刀闸和开关时，应先拉开关后拉刀闸，送电时与此相反 （2）作业结束闭合线路分断开关时，必须检查确认线路的地线全部被拆除后方可操作 （3）负荷开关主触头不到位时严禁进行操作 （4）操作油开关时操作人员应穿阻燃服或在安全距离外进行操作
	高空坠落	（1）操作时，操作人和监护人应戴安全帽，登杆操作应系好安全带 （2）登杆前应检查登杆工具是否完好，并采取防滑措施
变压器台停送电	感应电伤人	（1）要严格执行变压器台操作程序票 （2）操作应由两人进行，一人操作，一人监护 （3）应使用合格的绝缘杆；雨天操作应使用有防雨罩的绝缘杆 （4）摘挂跌落式熔断器应使用绝缘棒，其他人员不得触及设备 （5）应先拉开二次负荷开关，再拉开一次跌落式开关 （6）雷电天气时严禁进行变压器的熔丝更换工作
	物体敲击	操作时操作人员应戴好安全帽

§3-2 电气线路的安全技术

学习目标

1. 掌握架空线路、电缆线路、配电线路及室内线路的安全技术要求和巡视检查项目。

2. 了解安全载流量的概念，能根据不同的要求选取合适的导体截面。

一、架空线路

1. 架空线路采用的器材

（1）施工现场架空线路宜采用绝缘导线，架空绝缘导线应符合现行国家标准《额定电压 1 kV 及以下架空绝缘电缆》（GB/T 12527—2008）、《额定电压 10 kV 架空绝缘电缆》（GB/T 14049—2008）的有关规定。

（2）架空线路宜采用钢筋混凝土杆，钢筋混凝土杆不得有露筋、掉块等明显缺陷。

2. 施工现场架空线路的档距

施工现场架空线路的档距不宜大于 40 m，空旷区域可根据现场情况适当加大档距，但最大不应超过 50 m。

3. 拉线的设置要求

（1）拉线应采用钢绞线，最小规格不应小于 35 mm^2。

（2）拉线坑的深度不应小于 1.2 m，拉线坑的拉线侧应有斜坡。

（3）拉线应根据电杆的受力情况装设，拉线与电杆的夹角不宜小于 45°，当受到地形限制时不得小于 30°。

（4）拉线从导线之间穿过时应装设拉线绝缘子，在拉线断开时，拉线绝缘子对地距离不得小于 2.5 m。

4. 架空线路的巡视检查

架空线路运行中通常采取巡视检查的方法来确保线路的安全运行。架空线路巡视检查的项目和内容见表 3-2-1。

表 3-2-1　架空线路巡视检查的项目和内容

巡视检查项目	巡视检查内容
定期巡视	定期巡视每月至少应进行一次： （1）检查沿线整体状况 （2）检查杆塔、导线及架空地线是否完好无损 （3）检查导线、架空地线的固定和连接处，防雷及接地装置，拉线等的固定与连接是否牢固、可靠 （4）检查变压器、灯塔等是否运行正常
不定期巡视	（1）检查水泥电杆有无混凝土脱落、露筋现象 （2）检查线路上使用的器材有无松股、交叉、折叠和破损等缺陷 （3）检查导线截面和弛度是否符合要求，一个档距内一根导线上的接头不得超过一个，且接头位置距导线固定处应在 0.5 m 以上；裸铝绞线不应有严重腐蚀现象；钢绞线、镀锌铁线的表面应良好，无锈蚀 （4）检查金具是否光洁，有无裂纹、砂眼、气孔等缺陷，安全强度系数不应小于 2.5 （5）检查绝缘子瓷件与铁件接合是否紧密，铁件镀锌是否良好；绝缘子瓷釉是否光滑，有无裂纹和斑点，有无损坏、歪斜，绑线是否松脱 （6）检查横担是否符合规程要求，上下歪斜和左右扭斜不得超过 20 mm （7）检查拉线有无严重锈蚀和严重断股；居民区、厂矿内的混凝土电杆的拉线从导线间穿过时，是否设拉线绝缘子 （8）检查线间、交叉、跨越和对地距离是否符合规程要求 （9）检查防雷、防震设施是否良好，接地装置有无损坏，接地电阻是否符合要求，避雷器预防试验是否合格 （10）检查运行标志是否完整、醒目 （11）检查运行资料是否齐全、数据正确，是否与现场情况相符
特殊巡视	（1）检查发生自然灾害时的线路状况 （2）检查线路故障时的线路状况 （3）检查夜间负荷高峰时的线路状况

二、电缆线路

1. 电缆的选型

（1）根据敷设方式、施工现场环境条件、用电设备负荷功率及距离等因素进行选择。

（2）当低压配电系统的接地形式采用 TN-S 系统时，单根电缆应包含全部工作芯线和用作中性导体或保护导体的芯线。

（3）当低压配电系统的接地形式采用 TT 系统时，单根电缆应包含全部工作芯线和用作中性导体的芯线。

（4）低压配电线路截面的选择和保护应符合现行国家标准《低压配电设计规范》

（GB 50054—2011）的有关规定。

2. 电缆线路的维护和巡视检查

电缆线路运行中的维护项目和巡视检查项目见表 3-2-2。

表 3-2-2 电缆线路运行中的维护项目和巡视检查项目

运行中的维护项目	巡视检查项目
（1）户内、外电缆及终端接头的维护	（1）线路巡视
（2）壕沟电缆的维护	（2）耐压试验
（3）隧道和沟道电缆的维护	（3）负荷测量
（4）充油电缆的维护	（4）温度检查
（5）地面分支箱的维护	（5）腐蚀性检查

三、配电线路

1. 施工现场配电线路的路径选择

（1）结合施工现场的规划和布局，在满足安全要求的条件下，方便线路敷设、接引及维护。

（2）避开过热、腐蚀及存储易燃、易爆物的仓库等影响线路安全运行的区域。

（3）避开易遭受机械性外力的交通、挖掘、吊装作业频繁的场所，以及河道、低洼、易受雨水冲刷的地段。

（4）不应跨越在建工程、脚手架、临时建筑物。

2. 配电线路的敷设方式

（1）根据施工现场的环境特点，以满足线路安全运行、便于维护和拆除的原则来选择，敷设方式应能够避免受到机械性损伤或其他损伤。

（2）供用电电缆可采用架空、直埋、沿支架等方式进行敷设。

（3）不应敷设在树木上或直接绑挂在金属构架和金属脚手架上。

（4）不应接触潮湿的地面或接近热源。

四、室内线路

室内线路的巡视检查一般包括下列内容：

1. 导线与建筑物等是否摩擦、相蹭，绝缘、支持物是否损坏和脱落。

安全提示

守规程，按规定，强弱电线不混用。
电话网络电力线，分开各敷己路径。
线路绝缘设备好，一相一地不准用。
用电设施符规定，验收合格方可用。

2. 车间裸导线各相的弛度和线间距离是否保持一致。

3. 车间裸导线的防护网板与裸导线的距离有无变动。

4. 明敷导线管和线槽等有无碰裂、砸伤现象，钢管的接地是否完好。

5. 钢管或塑料管的防水弯头有无脱落或导线蹭管口现象。

6. 敷设在车间地下的塑料管线路，其上方是否堆放重物。

7. 三相四线制照明线路，其零线回路各连接点的接触是否良好，有无腐蚀或脱开现象。

8. 是否有未经电气负责人的许可，私自在线路上接用电设备以及乱拉、乱扯线路的情况。

五、导线与电缆的安全载流量

导体的安全载流量是指在规定条件下，导体能够连续承载而不致使其稳定温度超过规定值的最大电流。

1. 选择导体截面，应符合下列要求：

（1）按敷设方式及环境条件确定的导体安全载流量，不应小于计算电流。

（2）导体应满足线路保护的要求。

（3）导体应满足动稳定与热稳定的要求。

（4）线路电压损失应满足用电设备正常工作及启动时端电压的要求。

（5）导体最小截面积应满足力学强度的要求。固定敷设的导体最小截面积，应根据敷设方式、绝缘子支持点间距和导体材料确定，见表 3–2–3。

表 3–2–3　固定敷设的导体最小截面积

敷设方式	绝缘子支持点间距（m）	导体最小截面积（mm^2）	
		铜导体	铝导体
裸导体敷设在绝缘子上	—	10	16
绝缘导体敷设在绝缘子上	≤ 2	1.5	10
	>2，且≤ 6	2.5	10
	>6，且≤ 16	4	10
	>16，且≤ 25	6	10
绝缘导体穿导管敷设或在槽盒中敷设	—	1.5	10

（6）用于负荷长期稳定的电缆，按经济电流密度选择导体截面积，且应符合国家标准《电力工程电缆设计标准》（GB 50217—2018）的有关规定。

2. 导体的负荷电流在正常持续运行中产生的温度，不应使绝缘的温度超过表 3–2–4 的规定。

表 3-2-4 各类绝缘最高运行温度 ℃

绝缘类型	导体的绝缘	护 套
聚氯乙烯	70	—
交联氯乙烯和乙丙橡胶	90	—
聚氯乙烯护套矿物绝缘电缆或可触及的裸护套矿物绝缘电缆	—	70
不允许触及和不与可燃物相接触的裸护套矿物绝缘电缆	—	105

3. 当电缆沿敷设路径中各场所的散热条件不相同时，电缆的散热条件应按最不利的场所确定。

4. 符合下列情况之一的线路，中性导体的截面积应与相导体的截面积相同。

（1）单相两线制线路。

（2）铜相导体截面积≤ 16 mm^2 或铝相导体截面积≤ 25 mm^2 的三相四线线路。

5. 符合下列条件的线路，中性导体的截面积可以小于相导体的截面积。

（1）铜相导体截面积 >16 mm^2 或铝相导体截面积 >25 mm^2。

（2）铜中性导体截面积≥ 16 mm^2 或铝中性导体截面积≥ 25 mm^2。

（3）在正常工作时，包括谐波电流在内的中性导体预期最大电流≤中性导体的允许载流量。

（4）中性导体已进行了过电流保护。

6. 在配电线路中固定敷设的铜保护接地中性导体的截面积不应小于 10 mm^2，铝保护接地中性导体的截面积不应小于 16 mm^2。

7. 保护接地中性导体应按预期出现的最高电压进行绝缘。

8. 当从电气系统的某一点起，由保护接地中性导体变为单独的中性导体和保护导体时，应符合下列规定：

（1）保护导体和中性导体应分别设置单独的端子或母线。

（2）保护接地中性导体应首先接到为保护导体设置的端子或母线上。

（3）中性导体不用连接到电气系统的任何其他的接地部分。

9. 总等电位连接用保护连接导体的截面积，不应小于配电线路最大保护导体截面积的 1/2，保护连接导体截面积的最小值和最大值应符合表 3-2-5 的规定。

表 3-2-5 保护连接导体截面积的最小值和最大值 mm^2

导体材料	最小值	最大值
铜	6	25
铝	16	按载流量与 25 mm^2 铜导体的载流量相同确定
钢	50	

导线的安全载流量主要取决于线芯的最高允许温度。如果通过导线的电流过大，电流的热效应会使导体的温度过高，将加速绝缘导线和电缆的老化甚至被击穿，敷设于室内的导线若工作电流过大，还可能引起火灾。因此，必须将导线的工作电流限制在安全载流量内。

当电流通过导线或电缆时，因为两者都存在阻抗，所以会造成电能消耗，从而使导线或电缆发热，温度升高。通常，通过导线或电缆的电流越大，发热温度就越高。当温度上升到一定值时，导线或电缆的绝缘可能损坏，接头处的氧化也会加剧，结果导致漏电或断线，严重时甚至引起火灾等事故。

导线和电缆的安全载流量取决于它们的种类、规格、环境温度和敷设方式等。

不同截面积塑料绝缘导线的安全载流量见表 3–2–6。

表 3–2–6　不同截面积塑料绝缘导线的安全载流量　　A

截面积（mm^2）	电线线芯根数 / 单根直径（mm）	明　线		钢管配线						塑料管配线						50℃时的有效电阻（Ω/km）	
				二　根		三　根		四　根		二　根		三　根		四　根			
		铜	铝	铜	铝	铜	铝	铜	铝	铜	铝	铜	铝	铜	铝	铜	铝
1.0	1/1.13	17	—	12	—	11	—	10	—	10	—	10	—	9	—	20.52	—
1.5	1/1.37	21	16	17	13	15	11	14	10	14	11	13	10	11	9	13.74	23.0
2.5	1/1.76	28	22	23	17	21	16	19	13	21	16	18	14	17	12	8.24	13.9
4.0	1/2.24	37	28	30	23	27	21	24	19	27	21	24	19	22	17	5.15	8.63
6.0	1/2.73	48	37	41	30	36	28	32	24	36	27	31	23	28	22	3.43	5.79
10	7/1.33	65	51	56	42	49	38	43	33	49	36	42	33	38	29	2.06	3.47
16	7/1.70	91	69	71	55	64	49	56	43	62	48	56	42	49	38	1.29	2.17
25	7/2.12	120	91	93	70	82	61	74	57	82	63	74	56	65	50	0.83	1.39
35	7/2.50	147	113	115	87	100	78	91	70	104	78	91	60	81	61	0.59	0.99
50	19/1.83	187	143	143	108	127	96	113	87	130	88	114	88	102	78	0.41	0.69
70	19/2.14	230	178	177	135	159	124	143	110	160	136	145	113	128	100	0.30	0.50
95	19/2.50	282	216	216	165	195	143	173	132	199	151	178	137	160	121	0.22	0.34

§3-3 用电设备的安全技术

学习目标

1. 掌握电动机的安全技术。
2. 掌握家庭用电的安全技术。
3. 了解电热设备、电焊机、起重机械、可移式和手持电动工具、电动施工机具的安全技术。

一、电动机的安全技术

1. 长期停用或可能受潮的电动机，使用前应测量绝缘电阻，其值不得小于0.5 MΩ。

2. 电动机应装设过载和短路保护装置，并应根据设备需要装设断相和失压保护装置。每台电动机应有单独的操作开关。

安全提示

电机皮带有护罩，
保护接地应可靠。
配线功率要选配，
开关启停控制好。

3. 电动机熔丝的额定电流应按下列条件选择：

（1）单台电动机熔丝的额定电流为电动机额定电流的1.5 ~ 2.5倍。

（2）多台电动机合用的总熔丝的额定电流为其中最大一台电动机额定电流的1.5 ~ 2.5倍，再加上其余电动机额定电流的总和。

4. 采用热继电器作电动机过载保护，当其整定电流小于额定电流时，电动机未过载即发生保护作用；当整定电流过大时，就失去了保护作用。因此，其整定电流应为电动机额定电流的1.1 ~ 1.25倍。

5. 电动机的集电环与电刷接触不良时，会产生火花，加剧集电环与电刷的磨损，增加电能损耗，甚至影响电动机的正常运转。集电环与电刷的接触面不得小于满接触面的75%，电刷高度磨损（超过原标准2/3）时应更换新电刷。

6. 直流电动机的换向器表面若有损伤，运转时会产生火花，加剧电刷和换向器的损伤，影响直流电动机的正常运转。直流电动机的换向器表面应保持光洁，当有机械损伤或火花灼伤时应修整。

7. 当电动机额定电压变动在 –5% ~ 10% 的范围内时，可以按额定功率连续运行；超过时则应控制负荷。

8. 电动机运行中应无异响、无漏电，轴承温度正常且电刷与滑环接触良好。旋转中的电动机其最高允许温度应按下列情况取值：滑动轴承为 80 ℃，滚动轴承为 90 ℃。

9. 电动机在正常运行中，不得突然进行反向运转。

10. 电动机在工作中遇到停电时，应立即切断电源，将启动开关置于停止位置。

11. 电动机停止运行前，应首先将载荷卸去，或将转速降到最低，然后切断电源，将启动开关置于停止位置。

二、家庭用电的安全技术

随着人们生活水平的提高，家庭用电器具的数量和种类不断增加。在用电过程中，若操作者使用不当、采取的安全技术措施不合适或电器设备本身存在缺陷，都会造成人身触电和火灾事故，给人们的生命和财产造成损失。

1. 家用电器的安全知识

（1）使用电器时应详细阅读并了解使用说明书，按照使用说明书的要求使用电器。

（2）单相用电设备，特别是移动式用电设备，都应使用三芯插头和与之配套的三孔插座。三孔插座上有专用的保护接地插孔，接线时专用的保护接地插孔应与专用的保护地线相连。

（3）当需要在一个插座上同时插几个电器插头时，可以使用插座转换器，但插座转换器的插脚必须直接插入固定电源插座中。转换后的插座个数不应超过四个。采用三通转换器后，其所接电器的总额定电流值不应超过原固定插座的额定电流值。

（4）不应从带插座的灯头上引接电源供给电器。

（5）对无自动控制的电器，当不使用电器且操作者需离开现场时，应将电源切断。

（6）对可能产生有害辐射的电器，操作者必须与正在工作的电器保持说明书中规定的安全距离。

（7）工作时产生高温的电器，不得放在可燃物品附近使用。

（8）电器出现异常噪声、气味或温度时，应立即停止使用。

（9）不得用湿手操作电器的开关或插拔电源插头。

（10）非专业人员不得使用工具拆卸电器和变更其内部接线。

（11）从插座上拔下插头时，应用手直接握持插头，不得对电源线施加拉力。

（12）禁止以其他金属丝来代替熔丝。

（13）家用电器只用熔断器保护时，不得用大于原规格的熔丝来更换。

2. 高温季节用电安全

（1）不要用手去移动正在运转的家用电器，如电风扇、洗衣机、电视机等，若需搬动，应先关上电源开关，拔掉电源插头。

（2）对夏季使用频繁的电器，如电热水器、台扇、洗衣机等，要采取一些实用的措施，以防止触电。如经常用验电笔测试金属外壳是否带电或加装漏电开关等。

安全提示

电气设备保安全，
开关导线是关键，
合理选配连接牢，
定期检查有必要。

（3）若不慎家中浸水，首先应切断总电源，以防止正在使用的家用电器因浸水造成绝缘损坏而发生事故；在切断电源后，应将可能浸水的家用电器搬移到无水区域，防止绝缘浸水受潮，影响日后使用。如果电器已浸水，绝缘受潮的可能性很大，再次使用前，应用兆欧表（摇表）测试设备的绝缘电阻，若未达到规定要求，应对绝缘进行干燥处理，直到绝缘良好为止。

3. 家庭用电的安全技术要求

家庭用电的安全技术要求见表 3-3-1。

表 3-3-1　家庭用电的安全技术要求

名　称	安全技术要求
家庭线路	（1）室内布线及电器不可有裸露的带电体，对于裸露部分应包上绝缘或设罩盖。当闸刀开关罩盖、熔断器、按钮盒、插头、插座等有破损而使带电部分外露时，应及时更换，不可将就使用 （2）接户线的长度一般不得超过 25 m。接户线在进线处的对地高度一般应在 2.7 m 以上；如果采用裸露导线作为接户线，对地高度应在 3.5 m 以上。接户线端头与进户线管口之间的垂直高度一般不应大于 0.5 m。在进户线管前要做一处防水弯头，以防雨水沿导线进入线管，损坏导线绝缘
开关、插座	（1）插头、插座应配套使用，并将插头插到底，不得出现插头插进插座后还有一段露在外面的情况 （2）在高温、潮湿和有腐蚀性气体的场所，如厨房、浴室、卫生间等，不允许安装一般的插头、插座，应尽量使用防潮型灯具。在清洁、检修这类场所的灯具时，要特别注意防止触电，尽量停电进行 （3）开关要串接在相线上，不应装在零线上。悬挂吊灯的灯头距地面的高度不应小于 2 m，在特殊情况下可降到 1.5 m。明装插座的安装高度一般距地面 1.5 m
灯具	（1）安装电灯严禁用一线一地（即用铁丝或铁棒插入地下来代替零线） （2）电灯线不宜太长，电灯不能频繁移动，以免电线绝缘被磨损而发生触电 （3）尽量不用灯头开关，而用拉线开关，以免手经常接触灯头发生触电。床头开关因容易被床架碰坏或因小孩玩耍而引起触电，应避免使用。床头开关的软线不可绕在铁床架上

续表

名 称	安全技术要求
灯具	（4）采用螺口灯座时，相线必须接在灯座的顶芯上；灯泡拧紧后，金属部分不应外露，否则应加防护圈 （5）更换灯泡时要先关闭开关，站在木凳或干燥的木板上操作，使人体与地面绝缘 （6）清洁灯泡时，应断电并取下灯泡进行，若需带电操作，要用干燥的布清洁，手不要触及灯头的金属部分。灯泡带电时不能用湿手触摸
家用电器	（1）有金属外壳的家用电器，如电冰箱、电扇、电熨斗、电烙铁、电热炊具等，要用有接地极的三极插头和三孔插座，要求接地装置良好，或加装漏电保护器。当不能满足这些要求时，至少应采取电气隔离措施 （2）不可将照明灯、电熨斗、电烙铁等用电器具的导线绕在手臂上工作 （3）用电器具出现异常，如出现电灯不亮，电视机无影或无声，电冰箱、洗衣机不启动等情况时，要先断开电源，再进行修理。如果用电器具同时出现冒烟、起火或爆炸等情况，不要赤手去切断电源开关，应尽快找电工处理

知识拓展

家用电器节电常识

在日常生活中，应做好家用电器的节电工作，否则会造成电能的大量浪费。下面简要介绍常用家用电器的节电措施。

一、电视机

使用电视机时，控制电视屏幕的亮度是节电的一个有效途径。不要频繁开关电视机。若电源电压变化过大，最好用稳压器。

二、电风扇

电风扇的耗电量与扇叶的转速成正比，在风量满足使用要求的情况下，尽量使用中挡或慢挡。例如，直径为 400 mm 的电风扇，用快挡时耗电量为 60 W，用慢挡时耗电量只有 40 W，可节省三分之一的电量。

三、电饭锅

可充分利用电饭锅的余热。例如，用电饭锅煮饭时，可在锅沸腾后断电 7 ~ 8 min，再重新通电。

锅上盖一条毛巾，可以减少热量损失。

电饭锅用完后，一定要拔下电源插头，若不拔下电源插头，电饭锅会自动进入保温状态，既费电又缩短了使用寿命。

电热盘表面与锅底若有污渍，应擦拭干净或用细砂纸轻轻打磨干净，以免影响传热效率，浪费电能。

四、洗衣机

洗衣机有“强洗”和“弱洗”的功能，选用哪种功能是根据织物的种类、清洁的程度决定的。但实际上“强洗”比“弱洗”要省电，因为在同样长的洗涤周期内，“弱洗”比“强洗”改换叶轮旋转方向的次数更多，开停次数更多，电机重新启动的电流是额定电流的4～7倍，所以“弱洗”反而费电。与“弱洗”相比，“强洗”不但省电，而且可以延长电机的使用寿命。

三、其他电气设备的安全技术

其他电气设备如电热设备、电焊机、起重机械、可移式和手持电动工具、电动施工机具等，其安全技术要求见表3-3-2。

表3-3-2 其他电气设备的安全技术要求

设备	基本特点	安全技术要求
电热设备	利用电流的热效应进行加热，如电炉、电烘箱等	（1）使用电热设备时，应特别注意防火，严禁在仓库及堆放易燃易爆物品的场所附近使用电炉 （2）用于生产的电热设备应有专人看管 （3）照明和电热设备共用电源引入线时，引入后两者的配线必须分开，各分支分别设置引入开关 （4）超过1 kW的电热器应在其附近装设开关 （5）若与电热器相连的导线有受热危险时，应采用带耐热护层的导线 （6）电炉的引线应加瓷套管防护，接头必须用螺钉连接，不得扭接 （7）金属外壳应保护接零（地）
电焊机	发电机式直流电焊机的电源应采用启动器控制。使用交流电焊机时应装配防触电保护器	（1）电焊机应放置在防雨、干燥和通风良好的地方。焊接现场不得有易燃、易爆物品 （2）电焊机的外壳应可靠接地，不得串联接地 （3）电焊机的裸露导电部分应装设安全保护罩 （4）电焊机的电源开关应单独设置 （5）电焊机一次侧的电源电缆应绝缘良好，其长度不宜大于5 m （6）电焊机二次侧的接线应采用橡胶绝缘护套铜芯软电缆，电缆长度不宜大于30 m，不得采用金属构件或结构钢筋代替二次侧接线的地线 （7）使用电焊机焊接时应穿戴防护用品，不得冒雨从事电焊作业

续表

设　备	基本特点	安全技术要求
起重机械	有桥式起重机、塔式起重机、电葫芦等多种。其中桥式起重机应用最为广泛 其工作条件比较恶劣，如滑触线是裸导体，工作环境高温、潮湿、多灰尘、多振动，需要高空作业等，存在较多的不安全因素	（1）起重机械的电源电缆应经常检查、定期维护。轨道式起重机电源电缆收放通道附近不得堆放其他设备、材料和杂物 （2）塔式起重机电源进线的保护导体应做重复接地，塔身应做防雷接地。轨道式塔式起重机接地装置的设置应符合下列规定： 1）轨道两端头应各设置一组接地装置 2）轨道的接头处做电气搭接，两头轨道端部应做环形电气连接 3）较长的轨道应每隔 20 m 加一组接地装置 （3）起重机上的电气设备和接线方式不得随意改动 （4）起重机上的电气设备应定期检查，发现缺陷应及时处理。在运行过程中不得进行电气检修工作
可移式和手持电动工具	（1）一般施工场所可选用Ⅰ类或Ⅱ类电动工具 （2）潮湿、泥泞、导电良好的地面及狭窄的导电场所应选用Ⅱ类或Ⅲ类电动工具	（1）当选用Ⅰ类或Ⅱ类电动工具时，Ⅰ类电动工具金属外壳与保护导体应可靠连接；为其供电的末级配电箱中剩余电流动作保护器的额定剩余电流动作值不应大于 30 mA，额定剩余电流动作时间不应大于 0.1 s （2）导电良好的地面、狭窄的导电场所使用的Ⅱ类电动工具的剩余电流动作保护器、Ⅲ类电动工具的安全隔离变压器及其配电箱应设置在作业场所外面 （3）在狭窄的导电场所作业时应有人在外面监护 （4）1 台剩余电流动作保护器不得控制 2 台及以上电动工具 （5）电动工具的电源线应采用橡胶绝缘护套铜芯软电缆。电缆应避开热源，并应采取防止机械损伤的措施 （6）需要移动电动工具时，不得用手提电源线或工具的可旋转部分 （7）电动工具使用完毕、暂停工作、遇突然停电时应及时切断电源
电动施工机具	搅拌机、振动器、水磨石机、钢筋加工机械、木工机械等设备的电源线应采用耐气候型橡胶护套软电缆，不得有任何破损和接头	（1）夯土机械的电源线应采用橡胶绝缘护套铜芯软电缆 （2）使用夯土机械时应穿戴绝缘用品，使用过程中应有专人调整电缆，电缆长度不宜超过 50 m。电缆不应缠绕、扭结和被夯土机械跨越 （3）夯土机械的操作扶手应绝缘可靠 （4）潜水泵电机的电源线应采用具有防水性能的橡胶绝缘护套铜芯软电缆，且不得承受外力

知识拓展

电气设备防间接接触电击的分类

IEC 产品标准将电气设备按防间接接触电击的要求不同分为 0、Ⅰ、Ⅱ、Ⅲ四类。分类的顺序并不说明防电击性能的优劣，它只是用以表征各类设备对防电击的不同措施。

0 类设备：依靠基本绝缘进行防电击保护，即在易接近的导电部分和设备固定布线中的保护导体之间没有连接措施，在基本绝缘损坏的情况下便依赖于周围环境进行防护的设备。

Ⅰ类设备：不仅依靠基本绝缘进行防电击保护，还包括一个附加的安全措施，即把易电击的导电部分连接到设备固定布线中的保护（接地）导体上，使易触及导电部分在基本绝缘失效时，也不会成为带电部分的设备。

Ⅱ类设备：不仅依靠基本绝缘进行防电击保护，还包括附加的安全措施（如双重绝缘或加强绝缘），但对保护接地或依赖设备条件未做规定的设备。

Ⅲ类设备：依靠安全特低电压供电进行防电击保护，而且在其中产生的电压不会高于安全特低电压的设备。

§3-4 施工现场配电系统的安全技术

学习目标

1. 掌握配电箱的安全技术。
2. 掌握开关电器的选用原则。

一、配电箱的安全技术

低压配电系统宜采用三级配电，分别设置总配电箱、分配电箱、末级配电箱。

1. 总配电箱后级可设若干分配电箱；分配电箱以下可设若干末级配电箱。此外，分配电箱以下可以根据需要，再设分配电箱。总配电箱一般设在靠近电源的区域，分配电箱应设在用电设备或负荷相对集中的区域，分配电箱与末级配电箱的距离不宜超过 30 m。

2. 动力配电箱与照明配电箱可分别设置。当合并设置为同一配电箱时，动力和照明应分路供电。动力末级配电箱与照明末级配电箱应分别设置。

3. 用电设备或插座的电源宜引自末级配电箱，当一个末级配电箱直接控制多台用电设备或插座时，每台用电设备或插座应有各自独立的保护电器。

4. 当分配电箱直接控制用电设备或插座时，每台用电设备或插座应有各自独立的保护电器。

5. 户外安装的配电箱应使用户外型，其防护等级不应低于外壳防护等级 IP44（IP 代码），门内操作面的防护等级不应低于 IP21。

6. 固定式配电箱的中心与地面的垂直距离宜为 1.4 ~ 1.6 m，安装应平正、牢固。户外落地安装的配电箱、柜，其底部距地面不应小于 0.2 m。

7. 总配电箱、分配电箱内应分别设置中性导体、保护导体汇流排，并有标识；保护导体汇流排上的端子数量不应少于进线和出线回路的数量。

8. 配电箱内断路器相间绝缘隔板应配置齐全；防电击护板应阻燃且安装牢固。

9. 配电箱内连接线绝缘层的标识色应符合下列规定：

（1）相导体 L1、L2、L3 应依次为黄色、绿色、红色。

（2）中性导体应为淡蓝色。

（3）保护导体应为黄绿双色。

（4）上述标识色不应混用。

10. 配电箱内的连接线应采用铜排或铜芯绝缘导线，当采用铜排时应有防护措施，如连接导线不应有接头、线芯损伤及断股。

11. 配电箱内的导线与电气元件的连接应牢固、可靠。导线端子规格与芯线截面应适配，接线端子应完整、无缺损。

12. 配电箱的金属箱体、金属电器安装板以及不带电的金属底座、外壳等应通过保护导体汇流排可靠接地。金属箱门与金属箱体之间的跨接接地线的最小截面积应符合表 3-4-1 的有关规定。

表 3-4-1　金属箱门与金属箱体之间的跨接接地线的最小截面积

额定工作电流 I_e（A）	接地线的最小截面积（mm^2）
$I_e \leqslant 25$	2.5
$25<I_e \leqslant 32$	4
$32<I_e \leqslant 63$	6
$I_e>63$	10

13. 配电箱电缆的进线口和出线口应设在箱体的底面，当采用工业连接器时可在箱体侧面设置。工业连接器配套的插头插座、电缆耦合器、器具耦合器等应符合现行

国家标准《工业用插头插座和耦合器》(GB/T 11918—2014)的有关规定。

14. 当分配电箱直接供电给末级配电箱时，可采用在分配电箱设置插座的方式供电，并应采用工业用插座，且每个插座应有各自独立的保护电器。

15. 移动式配电箱的进线和出线应采用橡套软电缆。

16. 配电箱的进线和出线不应承受外力，与金属尖锐断口接触时应有保护措施。

17. 配电箱应按下列顺序操作：

(1) 送电操作顺序为：总配电箱→分配电箱→末级配电箱。

(2) 停电操作顺序为：末级配电箱→分配电箱→总配电箱。

18. 配电箱应有名称、编号、系统图及分路标记。

二、开关电器的选用原则

1. 配电箱内的开关电器应完好，不应使用破损及不合格的开关电器。

2. 总配电箱、分配电箱的开关电器应具备正常的接通与分断电路，以及短路、过负荷、接地故障保护功能。开关电器的设置应符合下列规定：

(1) 总配电箱、分配电箱进线应设置隔离开关和总断路器，当采用带隔离功能的断路器时，可不设置隔离开关。各分断电路应设置具有短路、过负荷、接地故障保护功能的开关电器。

(2) 总断路器的额定值应与分路断路器的额定值相匹配。

3. 总配电箱宜装设电压表、总电流表和电度表。

4. 末级配电箱进线应设置总断路器，各分支回路应设置具有短路、过负荷、剩余电流动作保护功能的开关电器。

5. 末级配电箱中各种开关电器的额定值和动作整定值应与其控制用电设备的额定值和特性相适应。

6. 剩余电流动作保护器的选择、安装和运行应符合现行国家标准《剩余电流动作保护装置安装和运行》(GB/T 13955—2017)的有关规定。

7. 当配电系统设置多级剩余电流动作保护时，每两级之间应有保护性配合，并应符合下列规定：

(1) 末级配电箱中剩余电流动作保护器的额定动作电流值不应大于 30 mA，分断时间不应大于 0.1 s。

(2) 当分配电箱中装设剩余电流动作保护器时，其额定动作电流值不应小于末级配电箱中剩余电流动作保护值的 3 倍，分断时间不应大于 0.3 s。

(3) 当总配电箱中装设剩余电流动作保护器时，其额定动作电流值不应小于分配电箱中剩余电流动作保护值的 3 倍，分断时间不应大于 0.5 s。

8. 剩余电流动作保护器应用专用仪器检测其特性，且每月不应少于 1 次，发现问题应及时修理或更换。

9. 剩余电流动作保护器每天使用前应按“试验”按钮试跳一次，试跳不正常时不得继续使用。

参观教学

一、参观目的

1. 熟悉变、配电设备的运行与维护常识。
2. 了解倒闸操作的技术要领。

二、参观报告

根据本章教学内容的要求，参观某单位和部门的变、配电设备，并将参观活动的情况记入实训表1中。

实训表1　参观活动报告

参观单位					
姓名		班级		参观时间	
参观过程记录					
参观过程中的疑问					
实践倒闸操作的体会					
收获与感想					

巩固练习

1. 为何要对变、配电设备进行巡视？巡视时应注意些什么？
2. 什么是倒闸操作？倒闸操作的步骤和要求有哪些？
3. 选用导线时应考虑哪些安全事项？
4. 电气设备在运行时，若长时间过载，对导线有哪些影响？
5. 使用家用电器的安全技术措施有哪些？
6. 对运行中的电动机应进行哪些监测？出现何种情况应立即断电检查？
7. 使用电热设备的安全技术措施有哪些？
8. 施工现场的低压配电系统一般是怎样设置的？
9. 配电箱内连接线绝缘层的标识色是如何规定的？
10. 简述低压配电系统各级配电箱的操作顺序。

第四章 电气安全工作制度

§4-1 电工安全用具

学习目标

1. 了解电工安全用具的作用和分类。
2. 熟悉基本安全用具的种类、用途及操作要点。
3. 熟悉辅助安全用具的种类、用途及操作要点。
4. 能进行电工安全用具的预防性和检查性试验。

一、电工安全用具的作用和分类

1. 电工安全用具的作用

电工作业中为了保障工作人员的人身安全，顺利完成工作任务，必须使用相应的安全用具。例如，爬杆登高作业时，工作人员必须正确使用脚扣、安全带等安全用具，以防止高空坠落，发生伤亡事故。

在机械设备运行、检修工作中，必须使用安全行灯，戴护目镜、手套，穿工作服。例如，使用砂轮磨削金属时，应戴平光护目镜，以防止金属屑飞溅进入眼睛；砂轮机应装防护罩，以防砂轮片碎裂飞出伤人。

安全提示

电工作业有保障，
防护用具须用上。
上杆要用登高板，
跌落熔断绝缘棒，
电压测试验电器，
安全用具保绝缘。

2. 电工安全用具的分类

电工安全用具可划分为电气工作安全用具和机械工作安全用具两类。电气工作安全用具又分为绝缘安全用具和一般防护安全用具两大类，其具体的分类如图 4-1-1 所示。

- 电工安全用具
  - 电气工作安全用具
    - 绝缘安全用具
      - 基本安全用具
        - 绝缘操作棒
        - 验电器
        - 绝缘夹钳
        - ……
      - 辅助安全用具
        - 绝缘手套
        - 绝缘鞋
        - 绝缘台
        - ……
    - 一般防护安全用具
      - 接地线
      - 安全帽
      - 临时遮栏
      - 安全带
      - 标志牌
      - ……
  - 机械工作安全用具

图 4-1-1 电工安全用具的分类

二、基本安全用具

基本安全用具的绝缘强度大，能长时间承受电气设备的工作电压，并能在该电压等级产生内部过电压时保证工作人员的人身安全。基本安全用具有验电器、绝缘操作棒、绝缘夹钳、安全帽、临时接地线、电工安全腰带、脚扣和登板等，其用途、操作要点及图示见表 4-1-1。

表 4-1-1 基本安全用具的用途、操作要点及图示

种 类	用 途	操作要点	图 示
验电器	用来检查设备是否带电，分高压、低压两种	（1）应选用电压等级相符，且经试验合格的产品 （2）验电前应先在确知带电的设备上试验，以证实其完好后，方可使用 （3）使用高压验电器时，不应直接接触设备的带电部分，而应逐渐接近，到氖灯发亮为止 （4）使用时应注意避免因受邻近带电设备影响而使验电器氖灯发亮，引起误判断。验电器与带电设备的距离应为：电压为 6 kV 时，大于 150 mm；电压为 10 kV 时，大于 250 mm	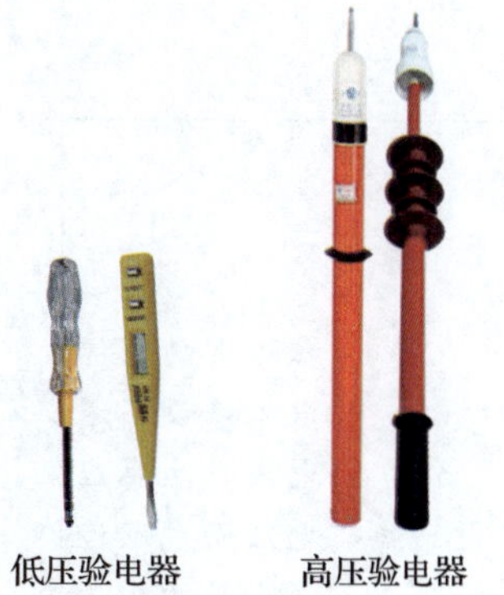 低压验电器 高压验电器

续表

种　类	用　途	操作要点	图　示
绝缘操作棒	用来闭合或断开高压隔离开关、跌落式熔断器，也可用来安装或拆除临时接地线，以及用于测量和试验工作	使用绝缘操作棒时，操作者的手握位置不得超过护环 不用时应垂直放置，最好放在支架上，使其不与墙壁接触，以免受潮	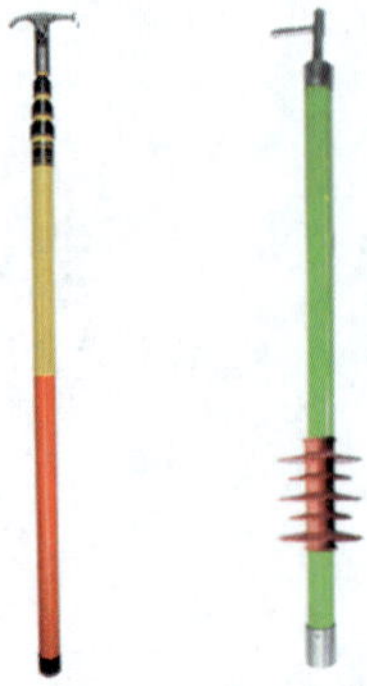 伸缩式　全天候式
绝缘夹钳	用来安装高压熔断器或进行其他需要有夹持力的电气作业	工作时戴护目镜和绝缘手套，穿绝缘靴（鞋）或站在绝缘台（垫）上，精神集中，注意保持身体平衡，握紧绝缘夹，不使夹持物滑脱落下。潮湿天气应使用专门的防雨绝缘夹钳。使用完毕，应保存在专用的箱子或匣子里，以防受潮和碰损	
安全帽	保护使用者头部免受外来伤害	（1）帽壳完整，无裂纹或损伤，无明显变形 （2）帽衬组件（包括帽箍、顶衬、后箍、下颚带等）齐全、牢固 （3）帽舌伸出长度为 10 ~ 50 mm，倾斜度为 30° ~ 60° （4）永久性标志清楚	 
临时接地线	防止向已停电检修设备送电或产生感应电压而危及检修人员的生命安全	（1）挂接地线时要先将接地端接好，然后再将接地线挂到导线上，拆接地线的顺序与此相反 （2）应检查接地铜线和三根短接铜线的连接是否牢固，一般应由螺钉拴紧后，再加焊锡焊牢，以防因接触不良而熔断	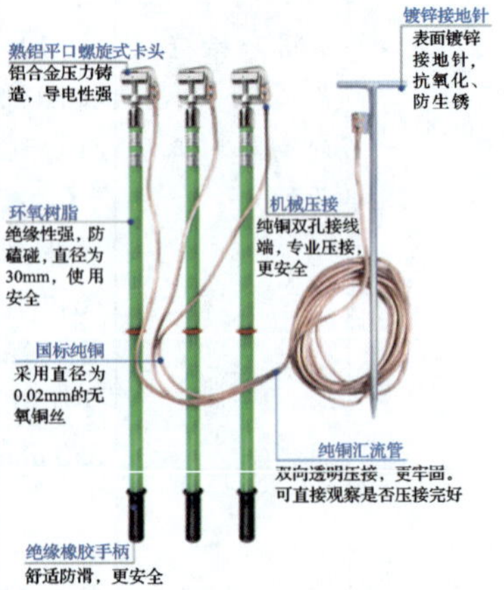

续表

种 类	用 途	操作要点	图 示
电工安全腰带	在电杆上或户外架构上进行高空作业时，用于防止高空坠落，保证作业人员的安全	不用时挂在通风处，不要放在高温处或挂在热力管道上，以免损坏	
脚扣和脚登板	用于登杆作业	（1）脚扣在使用前应进行外观检查，看各部分是否有裂纹、腐蚀、断裂现象。若有，应禁止使用。在不用时，亦应每月进行一次外观检查 （2）登杆前，应对脚扣做人体冲击试登，以检验其强度。其方法是，将脚扣系于钢筋混凝土杆上距地面 0.5 m 左右，借人体质量猛力向下蹬踩，脚扣（包括脚套）无变形及任何损坏方可使用 （3）应按电杆的规格选择脚扣，且不得用绳子或电线代替脚扣皮带系脚 （4）脚扣不能随意从杆上往下摔扔，作业前后应轻拿轻放，并妥善保管，通常存放在工具柜里，放置应整齐	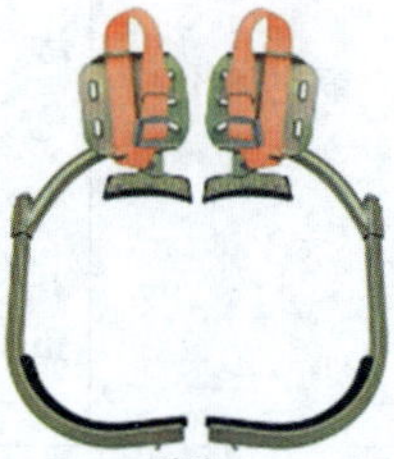 脚扣  脚登板

三、辅助安全用具

辅助安全用具有绝缘台、绝缘垫、绝缘手套和绝缘靴（鞋）等，其用途、操作要点及图示见表 4–1–2。

安全提示

辅助用具多防护，绝缘好似护身符。
妥善存放和保管，定期检查做试验。

表 4-1-2　辅助安全用具的用途、操作要点及图示

种类	用途	操作要点	图示
绝缘台	在任何电压等级的电力装置中带电工作时使用，多用于变电所和配电室，在室外使用	不应使台脚陷于泥土或使台面触及地面，以免过多地降低其绝缘性能	 
绝缘垫	带电操作时用来与地绝缘	（1）最小尺寸不得小于 0.8 m×0.8 m （2）在使用过程中，应保持绝缘垫干燥、清洁，注意防止与酸、碱及各种油类物质接触，以免受腐蚀后老化、龟裂或变黏，降低其绝缘性能 （3）应避免阳光直射或被锐利金属划刺，存放时应避免与热源（暖气等）距离太近，以防止其急剧老化变质，绝缘性能下降	
绝缘手套	用于在高压电气设备上进行操作	不允许用作其他用途。使用前，要认真检查是否破损、漏气，用后应单独存放，妥善保管	
绝缘靴（鞋）	进行高压操作时用来与地保持绝缘	严禁作为普通靴（鞋）穿用，使用前应检查有无明显破损，用后要妥善保管，不要与石油类油脂接触	  

四、电工安全用具的预防性和检查性试验

所有电工安全用具都要进行预防性和检查性试验，常用电工安全用具的试验标准见表 4–1–3 和表 4–1–4。

表 4–1–3 常用电工安全用具的试验标准 1

分类	名称		试验静重（允许工作倍数）	试验周期	外观检查周期	试荷时间（min）	试验静拉力（N）
登高工具	安全带	大带	225 kg	半年一次	每月一次	5	2 205
		小带	150 kg				1 470
	安全腰绳		225 kg	半年一次	每月一次	5	2 205
	升降板		225 kg	半年一次	每月一次	5	2 205
	脚扣		100 kg	半年一次	每月一次	5	980
	竹（木）梯		180 kg	半年一次	每月一次	5	1 765
起重工具	白棕绳		2 倍	每年一次	每月一次	10	—
	钢丝绳		2 倍	每年一次	每月一次	10	—
	铁链		2 倍	每年一次	每月一次	10	—
	葫芦及滑车		1.25 倍	每年一次	每月一次	10	—
	扒杆		2 倍	每年一次	每月一次	10	—
	夹头及卡		2 倍	每年一次	每月一次	10	—
	吊钩		1.25 倍	每年一次	每月一次	10	—
	绞磨		1.25 倍	每年一次	每月一次	10	—

表 4–1–4 常用电工安全用具的试验标准 2

名称	电压（kV）	试验标准			试验周期（年）
		耐压试验电压（kV）	耐压持续时间（min）	泄漏电流（mA）	
绝缘杆	≤ 35	3 倍线电压，但不得低于 40	5	—	1
绝缘挡板、绝缘罩	35	80	5	—	1
绝缘手套	高压	8	1	≤ 9.0	0.5
	低压	2.5		≤ 2.5	
绝缘靴	高压	15	1	≤ 7.5	0.5

续表

名称		电压（kV）	试验标准			试验周期（年）
			耐压试验电压（kV）	耐压持续时间（min）	泄漏电流（mA）	
绝缘鞋		≤ 1	3.5	1	≤ 2.5	0.5
绝缘绳		高压	105（每 0.5 m）	5	—	0.5
绝缘垫		>1	15	以 2 ~ 3 m/s 的速度拉过	≤ 15.0	2
		≤ 1	5			
绝缘台		各种电压	40	2	≤ 5.0	3
绝缘柄工具		低压	3	1	—	0.5
高压验电器		≤ 10	40	5	—	0.5
		≤ 35	105			
钳形电流表	绝缘部分	≤ 10	40	1	—	1
	铁芯部分	≤ 10	20	1	—	1

§4-2 电气值班制度

学习目标

1. 熟悉值班工作的安全要求。
2. 熟悉变、配电所的规章制度、值班人员要求和岗位职责。
3. 了解电气检修人员的岗位职责。
4. 了解车间电气技术人员的岗位职责。

为了保证电气设备及线路的可靠运行，除在设备和线路回路上装设继电保护和自动装置以实现对其保护和自动控制之外，还必须建立人工值班制度。为此，在变电所

（发电厂）要设置值班员。值班员的主要任务是：对电气设备和线路进行操作、控制、监视、检查、维护，并记录系统的运行情况，及时发现设备和线路的异常或缺陷，迅速、正确地进行处理，尽最大努力防止由于缺陷扩大而发展为事故。

值班员的工作是非常重要的，必须具备一定的业务水平和安全常识，才能胜任值班与巡视的工作。

一、值班工作的安全要求

1. 值班调度员、值班长和值班员上岗的基本业务条件

（1）值班调度员是电气设备和线路运行工作的总指挥者，应具有足够的业务知识和丰富的现场指挥经验，熟知《电力安全工作规程》和《运行规程》，掌握本系统的运行方式，并能决策本系统的经济运行方式和任何事故下的运行方式。

（2）值班长是电气设备和线路运行的值班负责人，执行值班调度员的命令，指挥值班员完成工作任务。值班长应具有中等技术业务知识和较丰富的现场工作经验，掌握《电力安全工作规程》和《运行规程》的有关内容，熟悉本系统的运行方式，能熟练地掌握和运用触电急救方法。

（3）值班员是值班与巡视工作的直接执行者。值班员必须熟悉电气设备的工作原理及性能，熟悉本岗位的《电力安全工作规程》和《运行规程》，熟悉本系统的电气主接线及其运行方式，能够熟练地进行倒闸操作和事故处理工作。

2. 值班员的岗位责任及交接班工作制度

（1）值班员的岗位责任

1）负责本单位高、低压系统安全、经济运行，掌握电网峰、谷、平时段的情况，发现设备运行参数异常时，及时向上级主管部门汇报。

2）集中精力监视各电气设备的运行情况，按规定进行交接班巡视和日常巡视，及时发现设备缺陷，及时组织相关人员进行处理。

3）负责工作票的审核和办理，负责开工、收工手续的办理，负责作业区段的安全巡视检查，负责检修作业完成后的验收和验收手续的办理。

4）负责填写和保管各种记录、运行日志、报表和设备运行状态分析，负责图纸、说明书等技术资料的保管和使用。

5）负责编写倒闸操作票，认真监护助理值班员进行倒闸操作。

6）负责设备应急故障处理、原始数据搜集和编写设备故障初步分析报告。

7）负责电气设备绝缘器具、计量器具、应急备用料等的保管和使用，确保其状态良好。

8）积极参加安全生产和技术业务培训，具备能够独立进行各种作业和故障应急处理的能力。

9）组织室内环境卫生清扫和设备浮尘清扫。

（2）交接班工作制度

1）接班人员按规定的时间接班。未履行交接手续，交班人员不准离岗。

2）禁止在事故处理或倒闸操作中交接班。交班时若发生事故，未办理手续前仍由交班人员处理，接班人员在交班值班长领导下协助其工作。一般情况下，在交班前30 min应停止正常操作。

3）交接内容如下：

①运行方式。

②保护和自动装置运行及变化情况。

③设备缺陷及异常情况，事故处理情况。

④倒闸操作及未完成的操作指令。

⑤设备检修、试验情况，安全措施的布置，地线组数、编号及位置，使用中的工作票情况。

⑥仪器仪表、工具、材料、备件和消防器材等的完备情况。

⑦领导指示与运行有关的其他事项。

4）交接班时必须严肃认真，要做到“交的细致，接的明白”，在交接过程中应有专人监察。

5）交班时由交班值班长向接班值班长及全体值班员进行全面交代，接班人员要进行重点检查。

6）交接班后，双方值班长应在运行记录簿上签字，并与系统调度通电话，互通姓名、核对时间。

二、变、配电所的规章制度、值班人员要求和岗位职责

1. 变、配电所的规章制度

工厂变、配电所的值班制度有轮班制、在家值班制和无人值班制等。从发展方向来说，工厂变、配电所要向自动化和无人值班的方向发展。

当前，工厂变、配电所仍采取以三班轮换的值班制度为主，值班员分成三组或四组，轮流值班。一些小企业的变、配电所及大中型企业的一些车间变电所，则往往采用无人值班制，仅由工厂的维修电工或总变、配电所的值班电工每天定期巡视检查。有高压设备的变、配电所，为了保证安全，一般应由两人值班。

变、配电所应建立必要的规章制度，主要有：

（1）电气安全工作规程（包括安全用具管理）。

（2）电气运行操作规程（包括停、限电操作程序）。

（3）电气事故处理规程。

（4）电气设备维护与检修制度。

（5）岗位责任制度。

（6）电气设备巡视检查制度。

（7）电气设备缺陷管理制度。

（8）调荷节电管理制度。

（9）运行交接班制度。

（10）安全保卫及消防制度。

2. 值班人员要求

变、配电所值班人员应具备一定的变电运行知识与操作技能，并需考试合格，经有关部门批准后方能担任值班工作。

（1）熟悉变、配电所的各项规程与制度，并熟知电网内常用的操作术语及其含义，见表 4-2-1。

表 4-2-1 电网内常用的操作术语及其含义

操作术语	含 义
操作命令	值班调度员对其所管辖的设备进行变更电气接线方式和事故处理而发布倒闸操作的命令
操作许可	电气设备在变更状态操作前，由变电所值班员提出操作项目，值班调度员许可其操作
合环	在电气回路内或电网上开口处经操作将开关或闸刀合上后形成回路
解环	在电气回路内或电网上某处经操作后将回路解开
合上	将开关或刀闸置于接通位置
拉开	将开关或刀闸置于断开位置
倒母线	（线或主变压器）由正（副）母线倒向副（正）母线
强送	设备因故障跳闸后，未经检查即送电
试送	设备因故障跳闸后，经初步检查后再送电
充电	不带电设备接通电源，但不带负荷
验电	用校验工具验明设备是否带电
放电	高压设备停电后，用工具将电荷放尽
挂（拆）接地线（或合上、拉开接地刀闸）	用临时接地线（或接地刀闸）将设备与大地接通（或断开）
短接	用临时导线将开关或刀闸等设备跨接旁路
××（设备）××（保护）从信号改为跳闸（或从跳闸改为信号）	用上（停用）××保护跳闸压板
××（设备）××（保护）更改定值	将××保护电压、电流、时间等从××值改为××值

续表

操作术语	含 义
××（开关）改为非自动	将开关直流控制电源断开
××（开关）改为自动	恢复开关的直流操作回路
放上或取下熔丝	将熔丝放上或取下
紧急拉路	事故情况下（或超计划用电时）将供向用户用电的线路切断，停止送电
限电	限制用户用电

（2）掌握本变、配电所内各种运行方式的操作要求与步骤。

（3）熟悉本变、配电所内主要设备的一般构造与工作原理，并掌握它们的技术要求及其允许负荷。

（4）能够正确地执行安全技术措施和安全组织措施。

（5）掌握本变、配电所各种继电保护装置的整定值与保护范围。

（6）能独立进行有关操作，并能分析、查找和处理设备的异常情况与事故。

3. 变、配电所值班人员的岗位职责

（1）遵守变、配电所值班工作制度，坚守工作岗位，做好变、配电所的安全保卫工作，确保变、配电所的安全运行。

（2）积极钻研本职工作，认真学习和贯彻有关规程。熟悉变、配电所的一、二次系统的接线以及设备的安装位置、结构性能、操作要求和维护保养方法等；掌握安全用具和消防器材的使用方法及触电急救方法；了解变、配电所现在的运行方式、负荷情况、负荷调整及电压调节等措施。

（3）监视所内各种设备的运行情况，定期巡视检查，按规定抄报各种运行数据，记录运行日志。当发现设备有缺陷或运行不正常时，应及时处理，并做好有关记录，以备考查。

（4）按上级调度命令进行操作，发生事故时进行紧急处理，并做好有关记录，以备考查。

（5）保管所内各种资料图表、工具仪器和消防器材等，注意保持所内设备和环境的清洁卫生。

（6）按规定进行交接班。在处理事故时，一般不得交接班。接班的值班员可在当班人员的要求下，协助处理事故。若事故一时难以处理完毕，在征得接班的值班员同意或上级同意后，可进行交接班。电气值班员未办完交接手续时，不得擅离岗位。

三、电气检修人员的岗位职责

1. 负责单位所有电气设备的检修、维护和故障处理，负责设备试验、大修更新施工配合和分项工程验收等。

2. 负责图纸、说明书整理归档，负责设备台账等基础资料及检修记录等各种记录的填写及管理。

3. 负责年度检修计划、月度计划和月报的编制，并报上级有关部门批准实施。

4. 负责试验报告的审核和保管。作业中严格执行各项规章制度、标准规范和检修工艺，确保设备检修质量。

5. 负责设备故障分析报告的编写，负责编写设备检修工作总结、试验工作总结和施工配合工作总结。

6. 负责无人值班的变电所工作票的签发、办理以及检修作业的要令、消令，负责无人值班变电所钥匙的管理和应急设备的故障处理。

7. 根据继电保护整定值修改通知，负责继电保护整定值的修改和校验。

8. 负责编制电气设备维修材料计划和应急材料计划。

9. 积极参加安全生产和技术业务培训，具备能够独立进行各种检修作业和故障应急处理的能力。

10. 负责电气设备的局部改造和技术革新活动。

四、车间电气技术人员的岗位职责

1. 协助车间主管细化各种规章制度、操作规程、技术标准和管理办法。

2. 定期巡视设备，掌握设备的运行情况和缺陷状况，协调检修专员做好运行设备的检修维护工作；指导作业标准化、规范化和程序化；提高设备的检修质量，确保作业人员的人身安全。

3. 协助车间主管编制年、月度生产计划和月报；审核设备大修、小修项目计划，技改计划，材料计划及安全技术措施等。

4. 负责编制大修、小修质检计划，并认真监督执行；负责做好本专业设备检修的组织、检查督导和质量监督、验收工作。

5. 组织施工单位、设备厂家进行单机、联动试车等，严格监督施工过程中物资的使用情况，杜绝浪费。

6. 制订正确的施工配合方案，监督施工单位按图纸、行业规范施工；根据施工进度情况，按照规范严格、及时验收。

7. 对电气技术人员定期进行安全教育及岗位业务培训，提高其安全意识和技术业务素质。

8. 细化车间设备故障处理应急预案，并组织有关人员参加应急预案的演练；能正确分析、判断和处理各类突发性停电事故和设备故障。

9. 熟悉所辖区域电气自动化仪表设备的控制线路、仪表、PLC 等的常规应用，做好合理化建议的项目设计，撰写技改项目方案。

10. 及时处理或解决所辖区域生产过程中电控设备出现的各种技术问题，参与相应的技术分析会议，总结、整理事故分析报告，并针对生产所暴露出的电气事故提交可行性方案。

11. 定期检查电气值班记录、检修记录、设备台账等，组织完善本车间设备台账、电气图纸、说明书、检修工艺或作业指导书等技术资料；负责技术档案的整理和保管工作。

12. 负责所辖区域电气设备、高低压配电室卫生及现场安全隐患的检查、整改工作。

13. 积极推广新技术，努力降低能耗，节约管理成本。

§4-3　电工安全技术操作规程

学习目标

1. 熟悉电工安全技术操作规程的一般规定。
2. 掌握电工安装的基本要求。
3. 掌握电工维修的基本要求。

电工作业人员在操作设备或作业时，只有遵守有关安全方面的操作条款，才能保证人身安全。人们把这些条款总结出来，形成一个操作程序，称为电工安全技术操作规程。

电工安全技术操作规程是人们长期实践经验的总结，它既反映了人和物（设备）之间的安全关系，指导人们的安全行为，又体现了人与人之间的关系。电工安全技术操作规程是预防生产安全事故的最有效手段。

一、电工安全技术操作规程的一般规定

1. 电工作业必须两人同时作业，一人作业，一人监护。

2. 在全部停电或部分停电的电气设备（线路）上工作时，必须将设备（线路）电

源断开，并对可能送电的部分及设备（线路）采取防止突然串电的措施，必要时应做好短路保护。

3. 检修电气设备（线路）时，应先将电源切断（拉开刀闸，取下熔断器），把配电箱锁好，并挂上“禁止合闸，有人工作！”的标志牌，或派专人看护。

4. 所有绝缘工具都应妥善保管；存放在干燥、清洁的工具橱内，并按规定定期进行检查和校验；使用前必须先检查其是否良好，确保无损坏后方可使用。

5. 在带电设备附近作业，严禁使用钢（卷）尺进行测量。

6. 使用手持电动工具时，机壳应有良好的接地。严禁将外壳接地线和工作零线拧在一起插入插座，必须使用单相三极（二线带地）或三相四极（三线带地）插座。

7. 使用冲击钻、电钻或钎子打砼眼或仰面打孔时，应戴防护镜。

8. 电气设备所用熔断器的额定电流应与其负荷容量相适应，禁止以大代小或用金属丝代替熔丝。

9. 工作前必须做好充分的准备，由工作负责人根据要求把安全措施及注意事项向全体人员进行布置，并明确分工；对于患有不适宜工作的疾病的患者、请长假复工者、缺乏经验的工人及有思想情绪的人员，不能分配其重要技术工作和进行登高作业。

10. 认真学习和掌握先进的电气、电工技术；熟悉所辖范围内电气设备的用途、原理、构造、性能及操作、维护、保养常识。

11. 经常深入现场，巡视检查电气设备的运行状况及其安全防护，听取操作人员的意见。

12. 作业人员在工作前不许饮酒，工作中衣着必须穿戴整齐，精神集中，不准擅离职守。

知识拓展

电工特种作业操作证

2015 年 5 月 29 日，国家安全生产监督管理总局令（第 80 号）规定：电工特种作业人员必须经专门的安全技术培训并考核合格，取得《中华人民共和国特种作业操作证》后，方可上岗作业。其安全技术培训、考核、发证、复审工作实行统一监管、分级实施、教考分离的原则。

一、培训和考核

特种作业人员应当接受与其所从事的特种作业相应的安全技术理论培训和实际操作培训。已经取得职业高中、技工学校及中专以上学历的毕业生从事与其所学专业相应的特种作业，持学历证明经考核发证机关同意，可以免予相关专业的培训。考试包括安全技术理论考试和实际操作考试两部分。考试不及格的，允许补考 1 次。

特种作业操作证的有效期为 6 年，在全国范围内有效。

二、复审

特种作业操作证每 3 年复审 1 次。在证件有效期内，连续从事本工种 10 年以上，经原考核发证机关或者从业所在地考核发证机关同意，复审时间可以延长至每 6 年 1 次。应当在期满前 60 日内，由申请人或用人单位向原考核发证机关或者从业所在地考核发证机关提出复审申请。

电工特种作业操作证如图 4–3–1 所示。

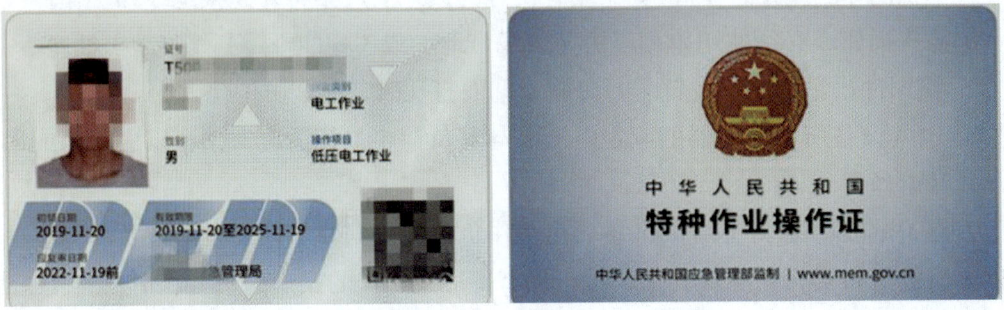

图 4–3–1　电工特种作业操作证

二、电工安装的基本要求

1. 施工现场供电应采用三相五线制（TN–S）系统，所有电气设备的金属外壳及电线管必须与专用保护零线可靠连接，对产生振动的设备，其保护零线的连接点不少于两处，保护零线不得装设开关或熔断器。

2. 保护零线应单独敷设，不作他用。除在配电室或配电箱处接地外，还应在线路中间和终端处做重复接地，并应与保护零线相连接，其接地电阻不大于 10 Ω。

3. 保护零线的截面应不小于工作零线的截面，同时必须满足力学强度的要求。保护零线架空敷设的间距大于 12 m 时，保护零线必须选择截面积小于 10 mm^2 的绝缘铜线或小于 16 mm^2 的绝缘铝线。

4. 与电气设备相连接的保护零线应采用截面积不小于 2.5 mm^2 的多股铜芯线，保护零线统一采用黄绿双色线，在任何情况下都不允许用黄绿双色线作为负荷线使用。

5. 单相线路零线的截面积与相线相同，三相线路工作零线和保护零线的截面积不小于相线截面积的 50%。

6. 架空线路的档距不得大于 35 m，其线间距离不得小于 0.3 m。架空线的相序排列为：面向负荷从左侧起为 L1、N、L2、L3、PE（L1、L2、L3 为相线，N 为工作零线，PE 为保护零线）。

7. 在一个架空线路档距内，每一层架空线的接头数不得超过该层导线条数的50%，且一条导线只允许有一个接头，线路在跨越铁路、公路、河流、电力线路档距内不得有接头。

8. 架空线路宜采用砼杆或木杆，砼杆不得有露筋、环向裂纹和扭曲，木杆不得腐朽，其梢径应不小于130 mm。电杆的埋设深度宜为杆长的1/10加0.6 m，但在松软土质处应适当加大埋设深度或采用卡盘等加固。

9. 橡胶电缆架空敷设时，应沿墙壁或电杆高置，并用绝缘子固定，严禁使用金属裸线作为绑线。固定点间距应保证橡胶电缆能承受自重所带来的负荷，橡胶电缆的最大弧垂距地面不得小于2.5 m。

10. 配电箱、开关箱应装设在干燥、通风及常温场所，箱体要防雨、防尘、加锁，门上要有“有电危险”的标志，箱内分路开关要标明用途。固定式箱底距地面高度应大于1.3 m、小于1.5 m；移动式箱底距地面高度应大于0.6 m、小于1.5 m。箱内工作零线和保护零线应分别用接线端子分开敷设，箱内电器和线路安装必须整齐，并每月检修一次，金属后座及外壳必须做保护接零，箱内不得放置任何杂物。

11. 总配电箱和开关箱中的两级漏电保护器选择的额定漏电动作电流和额定漏电动作时间应合理匹配，使之具有分级保护的功能。每台用电设备应有各自专用的开关箱，必须实行“一机一闸”制，且安装漏电保护器。

12. 配电箱、开关箱中的导线进、出线口应在箱底面，严禁设在箱体的上面、侧面、后面或箱门外，进、出线应加护套分路成束并做成防水弯，导线束不得与箱体的导线进、出线口直接接触，移动式配电箱和开关箱的进、出线必须采用橡胶绝缘电缆。

13. 照明变压器必须使用双绕组型，严禁使用自耦变压器，照明开关必须控制相线。使用行灯时，其电源电压不应超过36 V。

14. 安装用电设备的电源线时，应先安装用电设备一端，再安装电源一端，拆除时反向进行。

三、电工维修的基本要求

1. 检修工具、仪器等要经常检查，保持绝缘良好，不准使用不合格的检修工具和仪器。

2. 在高、低压电气设备线路上工作，必须停电进行，一般不准带电作业。

3. 电机和电器拆除检修后，其线头应及时用绝缘胶布包扎好，高压电机和高压电器拆除后其线头必须短路接地。

4. 停电后的设备及线路在接地线前应用合格的验电器按规定进行验电，确认无电后方可操作。携带式接地线应为柔软的裸铜线，其截面积不小于25 mm^2，不应有断股和断裂现象。

5. 接 / 拆地线应由两人进行，一人监护，一人操作，且应戴好绝缘手套。接地线时先接地线端，后接导线端；拆地线时先拆导线端，后拆地线端。

6. 脚扣、脚登板和安全腰带在使用前应检查其是否结实可靠，应根据电杆大小选用脚扣和脚登板。上杆时跨步应合适，脚扣不应相撞。使用安全腰带松紧要合适、系牢，结扣应放在前侧的左右。

7. 登杆作业前，必须检查木杆根部有无腐朽、空心现象（松木杆不大于 1/4，杉木杆不大于 1/3）；检查水泥杆的外观是否平整、光滑，有无外露钢筋，有无明显裂纹，杆体有无显著倾斜及下沉现象。

8. 杆上及地面的工作人员均应戴安全帽，并在工作区域内做好监护工作，防止行人、车辆穿越，传递材料应用带 / 绳或系工具袋传递，禁止上下抛掷。

9. 雷雨及 6 级以上大风天气，不可进行杆上作业。

10. 配线时，必须选用合适的剥线钳口，不得损伤线芯；削线头时，刀口要向外，用力要均匀。

11. 在高压带电区域内部分停电工作时，操作者与带电设备的距离应符合安全规定，运送工具、材料时应与带电设备保持一定的安全距离。

12. 现场变、配电室一般应由两人值班。对于小容量的变、配电室，若单人值班时，不论高压设备是否带电，均不准越过其进行检查和从事修理工作。

§4-4　电工作业安全规定

学习目标

1. 熟悉停电作业的安全规定。
2. 熟悉低压带电作业的安全规定。

一、停电作业的安全规定

停电作业是指在电气设备或线路不带电的情况下所进行的电气检修工作。停电作业分为全停电作业和部分停电作业。

全停电作业是指室内高压设备全部停电（包括进户线），通至邻接高压室的门全部闭锁，以及室外高压设备全部停电（包括进户线）情况下的作业。部分停电作业是指高压设备部分停电，或室内全部停电，而通至邻接高压室的门并未全部闭锁情况下的作业。

在已投入运行的变电所中，或在其附近的电气设备上工作或是停电作业，都应严格执行《电力安全工作规程》，履行停电作业票制度。无论是全停电作业还是部分停电作业，为了保证人身安全，都必须执行停电、验电、装挂接地线、悬挂标志牌和装设遮栏几项安全技术措施后，方可进行停电作业。

工作人员的正常活动范围应与带电设备保持安全距离。

1. 停电

（1）工作地点必须停电的设备或线路

1）要检修的电气设备或线路必须停电。

2）电气工作人员在工作时，正常活动范围的距离小于表 4–4–1 中的安全距离一，则规定的设备必须停电。

表 4–4–1 安全距离

电压等级（kV）	安全距离一（m）	安全距离二（m）
≤ 10	0.35	0.7
20 ～ 35	0.6	1.0
44	0.9	1.2
60 ～ 110	1.5	1.5

3）在 44 kV 以下的设备上进行工作，上述距离虽大于安全距离一但小于安全距离二的规定，同时又无安全遮栏措施的设备也必须停电。

4）带电部分在工作人员后面或两侧且无可靠安全措施的设备，为了防止工作人员触及带电部分，必须停电。

5）对与停电作业的线路平行、交叉或同杆的带电线路，涉及停电作业的安全而又不能采取安全措施时，必须将平行、交叉或同杆的带电线路停电。

（2）停电的安全要求

1）对停电作业的电气设备或线路，必须把各方面的电源均完全断开。

对与停电设备有电气连接的变压器、电压互感器，应从高低压两侧将开关、刀闸全部断开（对柱上变压器，应取下跌落式熔断器的熔丝管），以防止向停电设备或线路反送电。

中性点不接地系统中，不仅在发生单相接地时中性点有位移电压，就是在正常运行时，由于导线排列不对称也会产生中性点位移电压。例如，35 ~ 60 kV 线路的位移电压可达 1 kV 左右。这样高的电压若加到被检修的设备上是极其危险的。因此，必须断开与停电设备有电气连接的其他任何运行中的星形接线设备的中性点，以防止中性点位移电压加到停电作业的设备上而危及人身安全。

2）断开电源不仅要拉开开关，而且要拉开刀闸，使每个电源至检修设备或线路至少有一个明显的断开点。这样，安全的可靠性才有保证。如果只是拉开开关，当开关机构有故障、位置指示失灵时，由于触头实际位置不可见，开关完全可能没有全部断开，导致检修的设备或线路带电。

3）为了防止已断开的开关被误合闸，应取下开关控制回路的操作直流熔断器或关闭气阀门和油阀门等。

4）对一经合闸就有可能送电到停电设备或线路的刀闸，其操作把手必须锁住。

2. 验电

验电的安全要求有以下几点：

（1）应将电压等级合适的且合格的验电器在带电的设备上试验，证明验电器指示正确后，再在检修的设备进、出线两侧各相分别验电。

（2）对 35 kV 及以上的电气设备验电，可使用绝缘棒代替验电器。根据绝缘棒工作触头的金属部分有无火花和放电的“噼啪”声来判断有无电压。

（3）线路验电应逐相进行。同杆架设的多层电力线路在验电时应先验低压，后验高压；先验下层，后验上层。

（4）在判断设备是否带电时，若表示设备断开和允许进入间隔的信号以及经常接入的电压表等指示为有电，则应禁止在其上工作，但不能用其指示无电作为依据，判断设备不带电。

3. 装设接地线

（1）严禁在只经开关关断电源的设备或线路上工作。

（2）对已经停电的设备或线路，还必须验明确无电压并放电后，方可装设接地线。

（3）当验明设备确无电压并放电后，应立即将设备接地并三相短路。这是保护工作人员在停电设备上工作，防止突然来电而发生触电事故的可靠措施。同时，接地线还可将停电部分的剩余静电荷放入大地。

（4）对需要拆除全部或部分接地线才能进行工作的情况（如测量绝缘电阻、检查开关触头是否同时接触等），要经过值班员许可（根据值班调度员命令装设的，须经值班调度员许可），才能进行工作。工作完毕后应立即恢复接地。

（5）各组接地线均应有编号，存放位置也应有编号，两者编号一一对应，即对号入座。

4. 悬挂标志牌和装设遮栏

在部分停电工作中，当工作人员正常活动范围与未停电的设备间距小于表 4–4–1 中安全距离一规定的距离时，未停电设备应装设临时遮栏。临时遮栏与带电体的距离不得小于表 4–4–1 中安全距离二规定的距离，并挂“止步，高压危险！”的标志牌。

（1）35 kV 以下的设备，如有特殊需要也可用合格的绝缘挡板与带电部分直接接触来隔离带电体。

（2）在一经合闸即可送电到工作地点的开关和刀闸的操作把手上，均应悬挂“禁止合闸，有人工作！”的标志牌。

（3）如果线路上有人工作，应在线路开关和刀闸操作把手上悬挂“禁止合闸，线路有人工作！”的标志牌。标志牌的悬挂和拆除应按命令执行。

（4）在室内高压设备上工作，应在工作地点两旁间隔和对面间隔的遮栏上及禁止通行的过道上悬挂“止步，高压危险！”的标志牌。

（5）在室外地面高压设备上工作，应在工作地点四周用绳子做好围栏，围栏上悬挂适当数量的“止步，高压危险！”的标志牌。标志牌必须朝向围栏外面。

（6）在工作地点，要悬挂“在此工作！”的标志牌。

（7）在室外构架上工作，则应在工作地点邻近带电部分的横梁上悬挂“止步，高压危险！”的标志牌。此项标志牌应在值班人员的监护下，由工作人员悬挂。

（8）在工作人员上下用的铁架或梯子上，应悬挂“从此上下！”的标志牌。在邻近其他可能误登的带电构架上，应悬挂“禁止攀登，高压危险！”的标志牌。

（9）严禁工作人员在工作中移动或拆除遮栏及标志牌。

标志牌及遮栏的应用如图 4–4–1 所示。

图 4–4–1 标志牌及遮栏的应用

二、低压带电作业的安全规定

低压带电作业是指在不停电的低压（电压在 250 V 及以下）设备或低压线路上的工作。对于一些可以不停电的工作，没有偶然触及带电部分的危险工作，或作业人员使用绝缘辅助安全用具直接接触带电体及在带电设备外壳上的工作，均可进行低压带电作业。虽然低压带电作业的对地电压不超过 250 V，但不能理解为此电压是安全电压，实际上交流 220 V 电源的触电对人身的危害是很严重的。低压带电作业很普遍，为了防止低压带电作业对人身的触电伤害，作业人员应严格遵守低压带电作业的有关规定和注意事项。

在低压设备上带电作业，应遵守下列规定：

（1）在带电的低压设备上工作，应使用有绝缘柄的工具，工作时应站在干燥的绝缘垫、绝缘台或其他绝缘物上进行，严禁使用锉刀、金属尺和带有金属物的毛刷、毛掸等工具。

（2）在带电的低压设备上工作时，作业人员应穿长袖工作服，并戴手套和安全帽。戴手套可以防止作业时手触及带电体；戴安全帽可以防止作业过程中头部同时触及带电体及接地的金属盘架，防止头部接近短路或头部碰伤；穿长袖工作服可以防止手臂同时触及带电体和接地体，引起短路和烧伤事故。

（3）在带电的低压盘上工作时，应采取防止相间短路和单相接地短路的绝缘隔离措施。为了防止人体或作业工具同时触及两相带电体或一相带电体与接地体，在作业前，应将相与相之间或相与地（盘构架）之间用绝缘板隔离，以免作业过程中引起短路事故。

（4）严禁雷雨、冰雪天气及 6 级以上大风天气在户外带电作业，也不应在雷电天气进行室内带电作业。

（5）在潮湿和潮气过大的室内，禁止带电作业；工作位置过于狭窄时，禁止带电作业。

（6）低压带电作业时，必须有专人监护。带电作业时，若作业场地、空间狭小，带电体之间、带电体与地之间的绝缘距离小，或作业时的错误动作等均可能引起触电事故。因此，带电作业时，必须有专人监护，监护人应始终在工作现场，并对作业人员进行认真监护，随时纠正不正确的操作。

实训 1　电工安全用具的使用

一、实训目的

1. 掌握验电器的使用方法。
2. 掌握安全腰带的使用方法和用脚扣登杆的方法。

二、实训内容

1. 验电器的使用

（1）用氖管式验电器和感应式验电器分别检测电源的相线和中性线，观察验电器对相线和中性线的不同反应。

（2）判断线路是否带电；判断电源电压的高低。

2. 登高工具（脚扣和安全腰带）的使用

（1）先穿好工作服和绝缘鞋，戴好安全帽，系好安全腰带，再将电工工具套系于腰间。

（2）两脚穿好脚扣，按登杆步骤攀登水泥电线杆。

具体如实训图 1 所示。

实训图 1　登高工具的使用

实训 2　变、配电室值班员虚拟仿真

一、实训目的

1. 掌握变、配电室值班员虚拟仿真系统的使用方法。
2. 能通过反复的仿真训练，检验学习效果。

二、实训内容

1. 设备模块认知

（1）认知 10 kV 高压开关柜、0.4 kV 低压开关柜、35 kV 变电站模拟控制盘、继电保护实训柜等一次设备、二次设备、保护及测控装置。

（2）熟悉 3D 设备模型、设备描述、功能参数和端子等。3D 模型可任意 360° 旋转，可放大和缩小，以便于熟悉其外部结构。对于复杂设备，可通过爆炸图分解元件内部结构，以便于熟悉元件内部结构原理。设备从外形上可以进行透明化处理，以便于熟悉其内部结构。

3D 模型参考图如实训图 2 所示。

2. 练习模式

练习模式提供 3D 模拟实训场景，可以通过鼠标或键盘控制视角在场景中任意漫

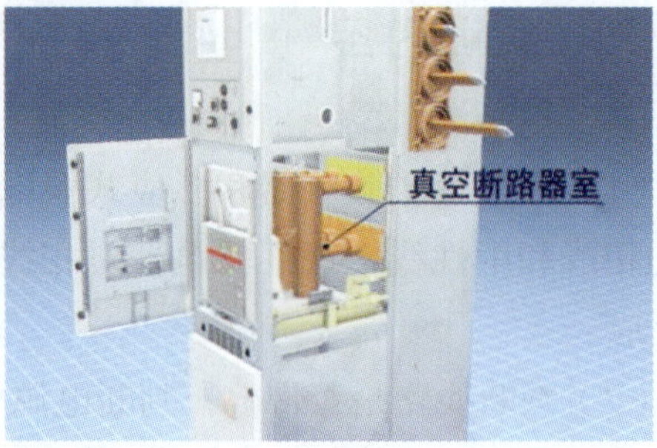

实训图 2　3D 模型参考图

游，并进行日常操作仿真、监盘抄表仿真、巡视系统仿真、故障设置与处理、误操作事故展示。

（1）日常操作仿真

日常操作仿真的操作范围：包括综合自动化系统及设备区操作画面中全部一次设备及保护、站用电、直流系统等设备的各种操作、相关信号、告警信息的实时变化，保护、自动装置的投切，保护定值调整，测量回路切换等。其虚拟柜体（实训图 3）可以进行透明化或剖面处理，针对某设备、线路做高亮显示，使学生更直观地进行操作体验；支持虚拟空间内设备的安装、接线操作；支持虚拟工具的选择与使用；支持虚拟设备和仪表的设置与调试。试通过综合自动化系统和设备区操作画面完成停送电等正常倒闸操作项目。

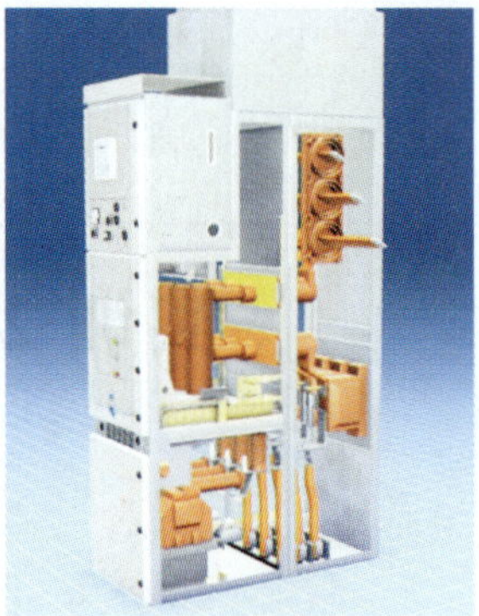

实训图 3　虚拟柜体

（2）监盘抄表仿真

监盘抄表仿真主要用于与一次设备运行方式的状态相连的各种仪表的指示，如电流、电压、频率、有功功率、无功功率、变压器温度、正负极对地绝缘电阻等。各运行方式中，开关控制把手的开合位置（代表开关位置的红、绿指示灯的亮、灭、闪）。

试根据相关要求进行监盘抄表仿真。

（3）巡视系统仿真

1）按规程所规定的项目和巡视周期的规定，利用虚拟仿真系统进行一、二次设备的巡视，对设备运行的正常、异常、缺陷进行判别和处理。

2）按照现场制定的运行规程，对站内外设备和回路进行巡视，包括巡视所用工具，展现变电站正常、异常、事故工况下的现象和声音等现场所有场景，直观地展现仿真设备的正常与异常状态，并对现场设备进行相应的操作和处理。

（4）故障设置与处理

通过设置单一故障或复合故障，在“虚拟仿真实训系统”中进行故障的查找与处理。利用设置事故还可进行各种反事故演习培训，以提高对事故处理的能力。

单一故障包括线路故障、母线故障、变压器故障、开关本体及相关故障、刀闸本体及相关故障、继电保护及自动装置故障、二次电路故障、接地故障、短路故障、绝缘子裂纹、交流失电等。

故障设置菜单中可以一次选择多个不同的故障，构成复合故障或按时间序列触发的故障项目，从而形成复杂的故障现象。故障设置启动后，系统按照设定的时间间隔和顺序依次自动投入各个故障项目。

（5）误操作事故展示

误操作事故可在仿真模型中自然引发。在解除“五防闭锁”系统状态下，运行人员可能发生误操作（如误拉合开关、带负荷误拉合隔离刀闸、带地线合闸、带电挂地线或合接地刀闸、误入带电间隔等），引发相应的事故现象，保护将按不同的地点、保护状态、开关状态动作，以切除事故。

此外，误操作事故展示还可对变电站运行人员停送电等各种违章操作和误操作情况进行模拟，以加深对违章操作和误操作所造成的严重后果的认识，从思想上提高安全意识。

试根据相关要求进行误操作事故展示。

3. 考核模式

考核模式提供3D模拟实训场景，学员按照实训任务的考核评分标准，完成高低压开关与成套设备的操作、高低压电流互感器的接线、电力继电器的特性测试、供配电系统继电保护电路的接线与调试、35 kV变电站的监盘/抄表/倒闸操作。

每个训练任务都有考核评分标准，每完成一项考核，则显示该项考核通过；当所有考核项全部通过，该任务考核通过，系统自动完成结果评价并自动打分。

巩固练习

1. 列举三种常见的电工安全用具，并说明它们的作用。
2. 简述绝缘操作棒的用途和操作要点。
3. 简述高压、低压验电器的作用和使用注意事项。
4. 简述绝缘手套的用途和操作要点。
5. 停电作业时，为了保证人身安全，应采取的安全技术措施有哪些？
6. 电气值班员的岗位职责有哪些？值班过程中应遵循哪些安全要求？
7. 在低压设备上带电作业，应遵守哪些安全规定？
8. 工作票分几种？各适用于哪些工作？

9. 什么是工作许可制度？ 工作许可应完成哪些工作？

10. 什么是工作监护制度？

11. 什么是工作间断制度？

12. 什么是工作终结、验收和恢复送电制度？

第五章
安全用电的检查和电气事故的处理

§5-1 安全用电的检查制度

学习目标

1. 了解作业中习惯性违章的要求 / 检查。

2. 了解定期检查的项目。

3. 了解建筑工地用电设备安全用电和工厂厂房安全用电的定期检查。

党的二十大报告指出，要推进安全生产风险专项整治，加强重点行业、重点领域安全监管。用户电气设备的安装、运行、维护、检修和管理工作是直接关系到用户能否安全生产的重要环节。在企业内部，一般只重视本企业的生产，而容易忽视电气管理工作，因此，有必要开展对用户电气设备的各种检查制度。

一、作业中习惯性违章的要求 / 检查

1. 严禁酒后作业。

2. 按劳动保护要求着装。

3. 严格按工种要求着装，如电焊工需穿电焊工作服，高压验电工需戴绝缘手套，车工需戴手套作业、使用砂轮时需戴防护眼镜等。

4. 电工、电焊、爆破、起重、驾驶等特种作业必须持证上岗。

5. 现场平台、扶梯、栏杆、孔洞盖板、照明、通道等安全设施不完善时必须采取安全措施。

6. 严禁在油库、危险品库、制氢站等易燃易爆区域和易燃易爆品附近动火、吸烟。

安全提示

电力部门哪些责，
运行设备无欠缺，
义务代管要承担，
新建投运把好关，
错误操作发命令，
违章指挥不可行。

7. 电工上班时间着装必须规范，不得穿裙子、背心、高跟鞋、拖鞋等。

8. 工作负责人应及时掌握工作班组成员的情绪状况，情绪低落、激动和明显精神状态差的人员应暂停作业。

9. 认真学习触电急救方法，掌握正确施行心肺复苏法和正确使用肾上腺素针剂的方法。

10. 正确使用灭火器，如泡沫灭火器只能用于扑救油类设备起火，电气设备火灾应使用干粉或二氧化碳灭火器。

11. 点燃喷灯时，必须在安全可靠的场所，严禁在带电和带油体附近点燃。

二、定期检查

定期检查是指要深入用户做细致的调查研究，督促和协助用户在安全合理用电方面不断总结经验和改进工作，把电力系统行之有效的各项反事故措施贯彻到用户中去。定期检查的方法是：全面调查，重点解决。

用电监察人员应对所分工负责的用户排出年、季、月的定期巡回检查周期表，然后按照计划定期进行。周期表的编制要根据用户的用电重要性、设备情况、管理水平而定。定期检查前，要对用户的用电历史、设备缺陷、电气工作人员的技术水平、安全制度等进行了解，制订出重点突出的定期检查计划。计划中应有检查的内容、方法、步骤及解决的重点问题等。

1. 管理制度的检查

对用电用户要进行用电安全制度、技术管理制度的检查，主要包括反事故措施、电气设备的管理、运行管理和双电源管理四方面的内容。

（1）反事故措施

检查中的反事故措施主要包括：

1）定期检查用户（此处以企业为例，下同）内部有哪些防止用电事故的技术措施和组织措施，有哪些实施效果和经验教训，以及电气事故率上升和下降的各方面原因。

2）要求企业做好用电事故的统计分析工作，并从中找出本企业在安全用电中存在的薄弱环节，吸取本地区其他用电事故的教训，制订出本企业的反事故措施。

3）检查企业电气设备的定期检修、高压设备的定期试验是否有专人负责，是否定期进行，以及检修和试验的效果等。

4）发现电气设备的重大缺陷，应分析出现缺陷的原因，检查危急缺陷是否已及时处理，一般缺陷是否已按计划消除。

5）检查企业对电气工作人员的技术、安全培训和管理工作。例如，是否制订培训计划和安全工作规程的学习和考核制度，检查学习效果和培训工作中存在的问题等，通过培训不断提高电气工作人员的技术水平。另外，还应建立技术安全档案，记录电气工作人员安全用电技术等级和安全考核成绩。

（2）电气设备的管理

加强电气设备的管理工作，及时掌握设备动态，是保证安全用电的一项重要措施。一般用户可从以下几点进行：

1）设备的技术管理包括主要电气设备应有出厂资料和安装调试资料，还应有历次电气试验和继电保护校验记录以及设备缺陷管理、设备事故分析等记录。设备缺陷应有专人负责修理、定期检查、及时消除。

2）电气设备应定期进行预防性试验并按国家标准和周期进行，还应检查其试验方法、仪表的准确度及操作过程等是否符合要求。

对具有自试能力的用户，可充分发挥其作用，批准其为自试单位（并指定专责人），将其作为供电系统绝缘监督网的一部分。

（3）运行管理

加强运行管理，严格执行安全制度是防止误操作事故的措施；做好各种运行记录，为分析设备情况提供可靠的科学数据，因此，必须认真做好这项工作。运行管理工作应做到以下几方面：

1）电气运行日志按时抄记。字迹要清楚，数据要齐全，记录应准确。值班日志上要注明运行方式、安全情况，能反映运行不正常的现象。交接班签名要清楚，记录表内不应记与运行无关的事情。

2）事故记录、缺陷记录、操作记录等清楚明确，其中应有发生时间、发生部位、当事人签名、处理经过、处理结果及上级领导批示等事项。

3）各种图表正确、完整。一次接线图、二次电路图、操作模拟板等与现场相符并保持完整。

安全提示

用电单位有责任，
安全必须要合格，
定期维护应完善，
管理不善负全责。

4）明确岗位责任制。各有关人员对各岗位的职务及管辖设备区域分工明确。

5）现场规程齐全，内容切合实际。工作票、操作票、交接班、巡回检查、缺陷管理及现场整修等制度应认真执行、一丝不苟。两票的合格率符合标准。

6）继电保护整定值与电力系统调度下达的值相符。

（4）双电源管理

近年来，由于管理不严，曾发生过多次反送电造成的人身触电事故，因此，必须加强这方面的管理。

双电源用户，不论是从电力系统双回线供电的用户，还是有自备发电机的用户，在倒闸操作中，都具有可能向另一条停电线路倒送电的危险性。另外，用户甲也有可能通过低压联络线向用户乙倒送电。这些都会造成人身伤亡事故。防止发生这种危险的方法有以下几种：

1）两条以上线路同时供电的用户，和分段或环网运行、各带一部分负荷且因故不能安装机械或电气联锁装置的用户，其停电检修或倒换负荷时，都必须由当地供电部门的电力系统调度负责进行，不得擅自操作。用户与调试部门应就调度方式签订调试协议。

2）由一条常用线路供电、一条备用线路或保安负荷供电的用户，在常用线路与备用线路开关之间应加装闭锁装置，以防止两电源并联运行。对装有备用电源自动投入装置的用户，一般应在电源断路器的电源侧加装一组隔离开关，以备在电源检修时有一个明显的断开点。用户不得自行改变常用、备用的运行方式。

3）一个电源来自电力系统、另备有自备发电机作为备用电源的用户，除经批准外，一般不允许将自备发电机和电力系统并联运行。发电机和电力系统电源间应装闭锁装置，以保证不向系统倒送电。其接线方式还应保证自发电力不流经电力部门计费用的动力、照明电能表。

2. 现场巡视检查

定期检查除了要充分了解用户在管理方面的情况并查看各种技术资料外，还应进行在设备现场巡视、检查设备现状、核对设备台账等工作。在进行现场巡视时，要保持与带电体的安全距离，以防发生触电危险。

（1）现场巡视检查的注意事项

到用户现场进行设备巡视检查，应由用户电气负责人陪同并切实遵守以下几点要求：

1）不允许进入运行设备的遮栏内。

2）人体与带电部分要保持足够的、符合规程的安全距离。

3）一般不应接触运行设备的外壳，若需要触摸时，则应先查明其外壳接地线是否良好。

4）对运行中的开关柜、继电保护盘等巡视检查，要注意防止误碰“跳闸”按钮和操作机构。

（2）巡视检查配电装置的项目与要求

1）绝缘子和套管应无破损，无放电痕迹，表面无明显积尘和污垢。

2）检查母线及电气设备导电部分的接触点是否发热，一般检查接触点表面颜色是否与周围不一致，即是否变色，当有可疑点时应进一步用仪表测量。

3. 建筑工地用电设备安全用电的定期检查

建筑工地用电设备存在的安全隐患主要是引发触电和影响供电。安全作业的要点主要有：

（1）各种电气设施应定期进行巡视检查，每次巡视检查的情况和发现的问题都应记入运行日志内。

1）对于低压配电装置、低压电器和变压器，有人值班时，每班应巡视检查 1 次；

无人值班时，至少应每周巡视检查 1 次。

2）配电盘应每班巡视检查 1 次。

3）架空线路的巡视检查，每季度不应少于 1 次。

4）车间或工地设置的 1 kV 以下的分配电盘和配电箱，每季度应进行 1 次停电检查和清扫。

5）500 V 以下的铁壳开关及其他不能直接看到的开关触头，应每月检查 1 次。

（2）室外施工现场供用电设备除应经常维护外，遇大风、暴雨、冰雹、雪、霜、雾等恶劣天气时，应加强对电气设备的巡视检查。

巡视检查时，必须穿绝缘靴且不得靠近避雷器和避雷针。夜间巡视检查时，应沿线路的外侧行进；遇有大风时，应沿线路的上风侧行进，以免触及断落的导线。发现倒杆、断线时，应立即设法阻止行人。当高压线路或设备发生接地时，室外不得接近故障点 8 m 以内，室内不得接近故障点 4 m 以内。进入上述范围必须穿绝缘靴。接触设备的外壳和构架时，应戴绝缘手套。现场应派人看守，同时应尽快将故障点的电源切断。

（3）电工在进行事故巡视检查时，应始终认为该线路处在带电状态，即使该线路确已停电，也应认为该线路随时有送电的可能。

（4）巡视检查配电装置时，进出配电室必须随手关门。配电箱巡视完毕需加锁。

（5）在巡视检查中，若发现有威胁人身安全的缺陷时，应采取全部停电、部分停电或其他临时性安全措施。

（6）电工巡视检查设备时，不得越过遮栏或围墙，禁止攀登电杆或配电变压器台架，也不得进行其他工作。

（7）新投入运行或大修后投入运行的电气设备，在 72 h 内应加强巡视，无异常情况后，方可按正常周期进行巡视。

（8）供用电设施的清扫和检修，必须在做好各项安全措施之后进行。每年不宜少于 2 次，其时间应安排在雨季和冬季到来之前。

4. 工厂厂房安全用电的定期检查

（1）车间配电线路停电清扫和检查

1）清扫裸导线瓷绝缘子上的污垢。

2）检查绝缘是否残旧和老化，对于老化严重或绝缘破裂的导线应有计划地予以更换。

3）紧固导线的所有连接点。

4）更换或补充导线上损坏或缺少的支持物和绝缘子。

5）铁管配线时，如果铁管有脱漆、锈蚀现象，应除锈刷漆。

6）检查建筑物伸缩、沉降缝处的接线箱有无异常。

7）检查在多股导线的第一支持物弓子处是否做了倒人字形接线，雨后有无进水现象。

（2）车间配电盘和闸箱的检查

1）导电部分的各连接点处是否有过热现象。

2）各种仪表和指示灯是否完整，指示是否正确。

3）闸箱和箱门等是否破损。

4）室外闸箱有无漏雨进水现象。

5）导线与电器连接处的连接情况。

6）闸箱内所用的熔体容量是否与负荷电流相适应。

7）各回路所带负荷的标志是否清楚、与实际相符。

8）铁制闸箱的外皮接地是否良好。

9）车间配电盘和闸箱总闸、分闸所控制负荷的标志是否清楚、准确。

10）车间闸箱内是否存放其他物品。

11）车间内安装的三、四孔插座有无烧伤，保护接地接触是否良好。

知识拓展

用电监察员

一、工种定义

用电监察员的职责是监督、检查、指导、帮助用户安全、经济、合理地用电。

二、工作内容

用电监察员主要的工作内容：根据分配的电力指标，制订并调整负荷方案；检查用户的安全用电、计划用电和节约用电情况；对新增电气设备进行设计资料审核和接电前的检查；参加用户重大电气事故调查，检查、督促用户贯彻实施防止事故的对策；检查并及时处理违章用电和窃电；监督用户正确执行国家电价，做到计量装置正确、可靠；指导用户制定电能消耗定额和分析电耗升降原因；对社会电工进行培训，帮助用户推广用电新技术和新设备。

三、技术等级

本工种设初级工、中级工、高级工、技师、高级技师五级。对初级工，要求具有高中文化程度并经初级工培训考核合格；对中级工，要求经中级工培训考核合格；对高级工，要求经高级工培训考核合格。

四、适用范围

上述内容适用于供电部门从事监督、检查、指导用户安全、经济、合理用电工作的人员。

§5-2　安全用电的宣传和管理

学习目标

1. 了解安全用电的宣传和竞赛内容。
2. 了解对电气从业人员的管理和培训内容。

安全用电工作十分重要，它直接关系到人身和设备的安全，而且涉及千家万户、各行各业。开展安全用电宣传工作，加强从业人员的管理，是做好安全用电的重要组成部分，也是用电监察工作的基本任务之一。这里仅对其具体内容和方法进行简要的介绍。

一、安全用电宣传和竞赛

开展安全用电宣传、组织用户之间的安全用电竞赛是进行安全思想教育的有效措施。我国在安全用电宣传上做了大量工作，取得了显著成效。但农村的安全用电宣传工作远不如城市做得好，最近几年来，由于农业用电的增多和用电范围的不断扩大，农电事故也大幅度增加。农村触电死亡事故中多数是由于缺乏用电常识所造成的，由此可见普及安全用电知识的重要性。

1. 安全用电宣传

安全用电宣传的具体内容有以下几点：

（1）宣传触电的危险性和安全用电的重要性。

（2）宣传安全用电的基本知识。

（3）介绍安全用电方面的专业技术和规章制度。

（4）宣传安全用电的好经验、好办法和用电事故的教训及防止事故的措施等。

进行安全用电宣传的形式和组织可多样化，如利用标语、简报、图片、壁画、图书、广播、电视、电影、多媒体、讲座和组织安全用电竞赛、参观、经验交流等方式。

用电监察机构中要设立专职宣传人员，负责收集、整理、积累和编印宣传资料，及时和有针对性地开展安全用电的宣传工作。

搞好安全用电的宣传，还要取得有关部门的支持和配合（如当地广播、电台、电视台、报社、工会和社区组织等），才能把这一工作搞得生动活泼，收到良好效果。

2. 组织安全用电竞赛

组织安全用电竞赛是在局部地区小范围内更深入具体地进行安全用电宣传的一种有效形式。通过竞赛，可以把用电单位广大电气从业人员组织并发动起来，以不断地改进和提高安全用电工作水平，达到保证安全的目的。

竞赛一般可由电力部门和竞赛单位的上级主管部门联合组织，并由参加竞赛的单位共同协商竞赛办法与条件，签订竞赛合同，开展竞赛。竞赛合同的内容应包括：竞赛条件、组织办法、评比方法、交流与互相检查办法、奖励和表彰等。竞赛活动的领导由竞赛单位的主管部门或竞赛单位轮流担任。

安全用电竞赛一般在同行业同类型的工厂间进行，以增加可比性，便于考核，更有利于交流、推广先进经验。竞赛也可按用电单位的用电设备相似、用电规模相近或电压等级相同等条件，分地区组织开展；或者是就各行各业中的某一个共同的单项（如值班人员），组织同工种的安全用电竞赛等。

安全用电竞赛的内容一般有以下几点：

（1）提高高压设备完好率。检查一类设备占全部设备的百分率是上升还是下降；三类设备的百分率是上升还是下降。

（2）加强电气工作人员的安全技术培训和考核。比较各单位进行技术培训活动的时间、内容及考核成绩，比较工作现场的安全规程考核、反事故演习等的数量和质量。

（3）降低电气事故率。比较降低电力系统停电及损坏高压电气设备的事故次数。

二、对电气从业人员的管理和培训

电气从业人员队伍的建设是安全用电工作中最基础的工作。分析各地区用电事故的经验证明，有相当一部分事故是直接由电气从业人员的过失所造成，所以电气从业人员的思想和技术水平对安全用电有着重大的关系。为了保证安全用电，还必须坚决禁止非电气从业人员进行电气操作。

用电单位对其电气从业人员应进行安全技术培训，并应有计划地、不断深入地定期进行。电力部门应给予技术上的支持和配合。对不具备自行开展技术培训工作条件的小型企业或社会人员（个体劳动者），电力部门应根据需要，配合安全生产主管部门及有关用户主管部门，联合组织电气从业人员的培训。

用电单位对电气从业人员进行安全技术方面培训的内容，一般应包括以下几个方面：

（1）对于在岗生产人员，应定期进行有针对性的技术问答、现场考问、反事故演习、事故预想等现场培训活动。

（2）因故间断电气工作连续3个月以上者，应重新学习有关安全工作规程，并经考试合格后，方可再上岗工作。

（3）生产人员调换岗位或者其岗位需面临新工艺、新技术、新设备、新材料时，应当对其进行专门的安全教育和培训，经考试合格后，方可上岗。

（4）所有生产人员应学会自救互救方法、疏散和现场紧急情况的处理，应熟练掌握触电现场急救方法；所有人员应掌握消防器材的使用方法。

（5）变电站运维人员、电网调控人员应定期进行仿真系统的培训。

（6）对违反规程、制度造成安全事故、严重未遂事故的责任者，除按有关规定处理外，还应责成其学习有关规程和制度，并经考试合格后，方可重新上岗。

（7）新入职员工应进行安全教育培训，经《电力安全工作规程》考试合格后，方可进入生产现场工作。

各级单位应积极推进岗位生产人员的安全等级培训和考核工作，如采用多种形式，开展安全宣传教育活动；把安全理念、知识、技能作为重要的培训内容，开展有针对性的实际操作、现场安全培训；利用信息化、智能化技术，分工种开发推广有仿真、有特色的互动化安全培训系统，提升安全培训效率和质量。

§5-3 用电事故及其调查分析

学习目标

1. 了解用电事故的分类。
2. 能进行用电事故的调查分析。

为了对用电事故进行及时调查处理，凡用户发生影响系统跳闸、主设备损坏等重大用电事故时，应立即向当地电力部门用电监察机构报告。若同时发生人身触电伤亡，则还应向当地安全生产监察机构报告。这些机构必须迅速派出有经验的人员赶赴现场，协助用户处理事故，防止事故进一步扩大，并实事求是、严肃认真地进行事故调查分析，总结经验，吸取教训，研究发生事故的原因及制订防止事故再发生的对策，协助用户不断提高安全用电水平。

一、用电事故的分类

用电事故的分类方法繁多，可分别按事故原因、事故后果和事故责任等加以分类。从事故产生的后果出发，可以把用电事故划分为用户影响系统事故、用户全厂停电事故、用户主要电气设备损坏事故、用户人员触电死亡事故四类，具体见表 5–3–1。

表 5–3–1　按用电事故产生的后果分类

用电事故分类	事故定义	说　明
用户影响系统事故	因用户内部原因造成对其他用户断电或引起系统波动而大量减负荷，称为用户影响系统事故。例如，公用线路上的用户事故，越级使变电站或发电厂的出线开关跳闸，造成对其他用户的断电	下列情况不应作为用户影响系统事故： （1）线路开关跳闸后，经自动重合闸良好者或停用自动重合闸的开关跳闸后，3 min 内强送良好者 （2）用户专用线或专用设备，由于用户过失造成供电中断，或由于用户过失引起对其他转供电用户少送电 （3）20 kV 以下的用户配电变压器高压侧熔断器熔断或开关跳闸
用户全厂停电事故	因用户内部事故的原因造成用户全厂停电，称为用户全厂停电事故	两路电源供电的用户，其中一路因事故停电，而另一路正常供电者，不作为用户全厂停电事故；若其中一路为保安电源，虽及时投入，但引起生产停顿者，应作为用户全厂停电事故
用户主要电气设备损坏事故	因用户内部事故造成一次电压在 6 kV 及以上的主要电气设备损坏（如变压器、高压电动机及其他高压配电设备等），不论是否影响生产，均作为用户主要电气设备损坏事故	
用户人员触电死亡事故	除电力部门以外的人员，由于触及产权属于用户的电气设备和电气线路而造成的死亡，不论造成触电的原因如何及责任所属，均应作为用户人员触电死亡事故	

从事故的严重程度及造成的经济损失出发，可以把用电事故划分为特别重大事故、重大事故、较大事故、一般事故四类，具体见表 5–3–2。

表 5-3-2 按用电事故的严重程度及造成的经济损失分类

事故等级	造成电网减供负荷的比例	造成城市供电用户停电的比例	发电厂或者变电站因安全故障造成全厂（站）对外停电的影响和持续时间	发电机组因安全故障停运的时间和后果	供热机组对外停止供热的时间
特别重大事故	（1）区域性电网减供负荷 30% 以上 （2）电网负荷 20 000 MW 以上的省、自治区电网，减供负荷 30% 以上 （3）电网负荷 5 000 MW 以上、20 000 MW 以下的省、自治区电网，减供负荷 40% 以上 （4）直辖市电网减供负荷 50% 以上 （5）电网负荷 2 000 MW 以上的省、自治区政府所在地城市电网减供负荷 60% 以上	（1）直辖市 60% 以上供电用户停电 （2）电网负荷 2 000 MW 以上的省、自治区政府所在地城市 70% 以上供电用户停电	—	—	—
重大事故	（1）区域性电网减供负荷 10% 以上、30% 以下 （2）电网负荷 20 000 MW 以上的省、自治区电网，减供负荷 13% 以上、30% 以下 （3）电网负荷 5000 MW 以上、20 000 MW 以下的省、自治区电网，减供负荷 16% 以上、40% 以下 （4）电网负荷 1 000 MW 以上、5 000 MW 以下的省、自治区电网，减供负荷 50% 以上 （5）直辖市电网减供负荷 20% 以上、50% 以下 （6）省、自治区人民政府所在地城市电网减供负荷 40% 以上（电网负荷 2 000 MW 以上的，减供负荷 40% 以上、60% 以下） （7）电网负荷 600 MW 以上的其他设区的市电网减供负荷 60% 以上	（1）直辖市 30% 以上、60% 以下的供电用户停电 （2）省、自治区人民政府所在地城市 50% 以上供电用户停电（电网负荷 2 000 MW 以上的，50% 以上、70% 以下供电用户停电） （3）电网负荷 600 MW 以上的其他设区的市 70% 以上供电用户停电	—	—	—

续表

事故等级	造成电网减供负荷的比例	造成城市供电用户停电的比例	发电厂或者变电站因安全故障造成全厂（站）对外停电的影响和持续时间	发电机组因安全故障停运的时间和后果	供热机组对外停止供热的时间
较大事故	（1）区域性电网减供负荷7%以上、10%以下 （2）电网负荷20 000 MW以上的省、自治区电网，减供负荷10%以上、13%以下 （3）电网负荷5 000 MW以上、20 000 MW以下的省、自治区电网，减供负荷12%以上、16%以下 （4）电网负荷1 000 MW以上、5 000 MW以下的省、自治区电网，减供负荷20%以上、50%以下 （5）电网负荷1 000 MW以下的省、自治区电网，减供负荷40%以上 （6）直辖市电网减供负荷10%以上、20%以下 （7）省、自治区政府所在地城市电网减供负荷20%以上、40%以下 （8）其他设区的市电网减供负荷40%以上（电网负荷600 MW以上的，减供负荷40%以上、60%以下） （9）电网负荷150 MW以上的县级市电网减供负荷60%以上	（1）直辖市15%以上、30%以下的供电用户停电 （2）省、自治区人民政府所在地城市30%以上、50%以下供电用户停电 （3）其他设区的市50%以上供电用户停电（电网负荷600 MW以上的，50%以上、70%以下供电用户停电） （4）电网负荷150 MW以上的县级市70%以上供电用户停电	发电厂或者220 kV以上变电站因安全故障造成全厂（站）对外停电，导致周边电压监视控制点电压低于曲线值20%并且持续时间30 min以上，或者导致周边电压监视控制点电压低于曲线值10%并且持续时间1 h以上	发电机组因安全故障停止运行超过行业标准规定的大修时间两周，并导致电网减供负荷	供热机组装机容量200 MW以上的热电厂，在当地政府规定的采暖期内同时发生2台以上供热机组因安全故障停止运行，造成全厂对外停止供热并且持续时间48 h以上
一般事故	（1）区域性电网减供负荷4%以上、7%以下 （2）电网负荷20 000 MW以上的省、自治区电网，减供负荷5%以上、10%以下 （3）电网负荷5 000 MW以上、20 000 MW以下的省、自治区电网，减供负荷6%以上、12%以下 （4）电网负荷1 000 MW以上、5 000 MW以下的省、自治区电网，减供负荷10%以上、20%以下 （5）电网负荷1 000 MW以下的省、自治区电网，减供负荷25%以上、40%以下	（1）直辖市10%以上、15%以下的供电用户停电 （2）省、自治区政府所在地城市15%以上、30%以下供电用户停电 （3）其他设区的市30%以上、50%以下供电用户停电	发电厂或者220 kV以上变电站因安全故障造成全厂（站）对外停电，导致周边电压监视控制点电压低于曲线值5%以上、10%以下并且持续时间2 h以上	发电机组因安全故障停止运行超过行业标准规定的小修时间两周，并导致电网减供负荷	供热机组装机容量200 MW以上的热电厂，在当地政府规定的采暖期内同时发生2台以上供热机组因安全故障停止运行，造成全厂对外停止供热并且持续时间24 h以上

续表

事故等级	造成电网减供负荷的比例	造成城市供电用户停电的比例	发电厂或者变电站因安全故障造成全厂（站）对外停电的影响和持续时间	发电机组因安全故障停运的时间和后果	供热机组对外停止供热的时间
一般事故	（6）直辖市电网减供负荷5%以上、10%以下 （7）省、自治区政府所在地城市电网减供负荷10%以上、20%以下 （8）其他设区的市电网减供负荷20%以上、40%以下 （9）县级市电网减供负荷40%以上（电网负荷150 MW以上的，减供负荷40%以上、60%以下）	（4）县级市50%以上供电用户停电（电网负荷150 MW以上的，50%以上、70%以下供电用户停电）			

注：

1. 电网负荷指电力调度机构统一调度的电网在事故发生起始时刻的实际负荷。
2. 电网减供负荷指电力调度机构统一调度的电网在事故发生期间的实际负荷最大减少量。
3. 全厂对外停电指发电厂对外有功负荷降到零（虽然电网经发电厂母线传送的负荷没有停止，但仍视为全厂对外停电）。

二、用电事故的调查分析

进行事故调查的人员到达事故现场后，应首先听取当班人员或事故目击者介绍事故经过，并按先后顺序仔细记录有关事故发生的情况。然后对照现场，仔细分析并判断当事者的介绍与现场情况是否相符，不符之处应反复询问、查实，直至完全弄清楚为止。事故的整个情况基本清楚后，再进行调查。

1. 事故现场调查

现场调查的内容应根据事故本身的需要而定，一般应进行以下调查：

（1）调查继电保护装置动作情况，记录各开关整定电流、时间及熔断器熔体残留部分的情况，判断继电保护装置是否正确动作，从熔断器熔体的残留部分估计出事故电流的大小，判断是因过负荷引起还是短路引起等。

（2）查阅用户事故发生时的有关资料，如天气、温度、运行方式、负荷电流、运行电压及其他有关记录；询问事故发生时现场人员的感觉（声、光、味、振动等），同时查阅事故设备及与事故设备有关的保护设备（继电器、操作电源、操作机构、避雷器和接地装置等）的有关历史资料，如设备试验资料、缺陷记录和检修调整记录等。

（3）调查事故设备的损坏部位及损坏程度，初步判断事故起因，并将与事故有关的设备进行必要的复试检查。若用户事故造成越级跳闸，应复试用户总开关继电保护装置的整定值是否正确、上下级能否配合及动作是否可靠；发生雷击事故时，应复试检查避雷器的特性、接地线的连接是否可靠，并测量接地电阻值等。通过必要的复试检查，可排出疑点，进一步弄清情况。

（4）对于误操作事故，应调查事故现场与当事人的口述情况是否相符，并检查工作票、操作票及监护人的口令是否正确，从中找出误操作事故原因。

2. 事故调查中的安全措施

（1）首先应防止事故的进一步扩大，指导和协助用户消除事故并解除对人身和设备的危害，同时尽快恢复正常供电（图 5-3-1）。

图 5-3-1　调查人员指导和协助用户

（2）严禁情况不明就主观臆断和瞎指挥，不得代替用户操作。用户处理不力和操作错误时，只能向值班人员提出建议或要求暂停操作，并说明情况，统一认识，必要时应请示领导解决。

（3）严禁对情况不明的电气设备强送电。

（4）严禁移动或拆除带电设备的遮栏，更不允许进入遮栏内。

（5）应与电力调度部门密切联系，及时反映情况。

3. 事故分析

事故分析一定要有供电部门代表、发生事故的现场负责人和见证人、企业领导及电气技术负责人参加，必要时要邀请有关制造厂家、安装单位、国家安全生产监察单位、公安部门和法医等专业人员参加。对用户引起的系统大事故应由供电部门总工程师主持事故分析会。事故分析要广泛听取各方面的意见，多方面探讨，实事求是，严肃认真，最后使调查情况、实物对照、复试结果等统一起来，确定事故原因。

在弄清楚现场基本情况，进行了事故的鉴定试验并恢复用户正常供电后，应将收集到的有关资料，包括记录、实物、照片等加以汇总处理，然后与用户等有关人员一起进行研究分析。

弄清楚事故原因后，还要查明事故责任者，在事实清楚的基础上，通过批评和自我批评，教育其本人，以提高其认识。对于任意违反规章制度、不遵守劳动纪律、工作不负责任以致造成事故或扩大事故者，应视情况严肃处理。对有意破坏安全生产、造成用电事故者，要依法惩办。

§5-4　用电事故的防范措施

学习目标

1. 了解用电事故的防范体系和预防措施。
2. 了解预防用电事故的技术措施。

为了贯彻“安全第一，预防为主，综合治理”的方针，加强安全监督管理，防范安全事故，保证人身安全，保证电网安全稳定运行和可靠供电，保证国家和企业资产免遭损失，应采取一定的用电事故防范措施。

一、用电事故的防范体系和预防措施

依据《中华人民共和国安全生产法》《生产安全事故报告和调查处理条例》《电力安全事故应急处置和调查处理条例》等有关法律、法规，各单位结合电力行业的特点和单位组织形式制定相应的防范体系。

1. 防范体系

（1）各单位应建立和完善安全风险管理体系、应急管理体系、事故调查体系，构建事前预防、事中控制、事后查处的工作机制，形成科学有效并持续改进的工作体系。

（2）各单位应贯彻国家法律、法规和行业有关制度标准及其他规范性文件，补充完善安全管理规章制度和现场规程，使安全工作制度化、规范化、标准化。

（3）各单位每年应编制年度反事故措施计划和安全技术劳动保护措施计划；施工企业应编制年度安全技术措施计划及项目安全施工措施。

（4）反事故措施计划应根据上级颁发的反事故技术措施、需要治理的事故隐患、需要消除的重大缺陷、提高设备可靠性的技术改进措施及本单位事故防范对策进行编制。安全性评价结果、事故隐患排查结果应作为制订反事故措施计划和安全技术劳动保护措施计划的重要依据。

2. 预防措施

结合用电事故的性质与产生的原因，各单位可从以下几个方面加强预防措施：

（1）落实安全生产责任制

建立健全的安全生产责任制，在制度中落实责任，也让员工养成良好的安全习惯。

（2）提高工作人员的业务技能与思想素质

多数事故的发生是由于工作人员技能不熟练、操作不严谨或思想懈怠等造成的，必须加强工作人员业务技能培训，提高思想素质。

（3）强化运行维护和技术创新

针对非人为因素产生的用电事故，必须加强对设备的检查，及时掌握设备的运行状态，结合实际开展技术创新，提高设备的安全运行水平。

针对用户发生的用电事故，坚持尊重科学、实事求是的原则，查清事故原因、事故类型、事故性质和事故责任，分析总结事故的教训，结合调查分析的结果提出处理意见和预防措施，才能有效防止事故的再次发生。

二、预防用电事故的技术措施

1. 防止火灾事故的技术措施

（1）定期检查消防设施及消防器材是否良好，灭火器的压力、封签、有效时间、胶皮管是否完好。

（2）电气作业人员必须熟练掌握消防器材的使用方法及各种灭火器的使用范围。

（3）加强对电力电缆的检查，如检查运行电缆及电缆接头有无发热、鼓包、变色现象，有无积灰、积粉、积油、积水现象。

（4）检查控制室、配电盘、端子箱电缆的孔洞是否齐全、封堵严密和符合标准。

2. 防止误操作事故的技术措施

（1）倒闸操作中认真执行四对照（设备的名称、编号、位置、操作方向）。

（2）防误闭锁装置的万能解锁钥匙要妥善保管，不得随意使用。万能解锁钥匙要封存起来，并且由班长每天进行交接班。

（3）操作前认真执行操作模拟预演，确保操作程序的正确性。操作中认真执行唱票复诵制和操作监护制。除有操作人、监护人外，还应由班长担任第二监护人，重大或较复杂的操作，要有专人进行监督。

（4）操作过程中严禁走空程序、越项、并项和漏项等。

（5）接地线要按班移交，检修现场装设的接地线、接地刀闸要与接地线记录本上的信息相符，接地线要按规定编号，所装设接地线的地点要写明确。工作票终结后，未拆除的接地线要标注清楚。

3. 防止全厂停电事故的技术措施

（1）6 kV、380 V 配电室的门应严密，防止煤粉和潮气侵入，屋顶不漏水，并采取完整的防止小动物进入的措施，配电装置应保持清洁、干燥。

（2）直流系统的各级熔断器容量应统一，合理配置，保证在事故情况下不越级熔断而中断保护操作电源，使开关拒动作或备用电源不能自动投入。

（3）做好蓄电池的维护检查工作，按时检查、调整每个蓄电池的电压，使其处于完好、满充电状态，并定期进行均衡充电，保持合格的电压和放电容量。

（4）当 110 kV、6 kV 和 380 V 电压在非正常运行方式下时，应确保继电保护方式可靠，在有关工作结束后，应立即恢复正常的运行方式。

（5）当厂用电系统发生事故且备用电源自投不成功时，应检查有关的厂用电设备，确保其无事故后，方可向停用的厂用电设备试送电，未经检查禁止强送电。

巩固练习

1. 定期检查的主要制度有哪些？
2. 举例说明用电中进行定期检查的具体项目。

3. 用电作业中的违章现象主要有哪些?
4. 用电事故的调查和分析应怎样进行?
5. 宣传安全用电的主要内容有哪些?
6. 作为一名电气从业人员，应如何做好安全用电的宣传工作?

附　　录

附录 1

电气安全术语（部分）
（GB/T 4776—2017）

序　号	名　称	说　明
1	电痕	由电弧或通过身体的电流所遗留下的可见痕迹
2	破坏性放电	介质破坏而伴随有电弧通道的放电
3	短路	两个或更多的导电部分之间形成的偶然的或有意的导电通路，迫使这些导电部分之间的电位差等于或接近于零
4	绝缘故障	可引起不正常电流穿过绝缘或引起破坏性放电的设备绝缘缺陷
5	接地故障	带电导体与大地之间意外出现导电通路
6	导电部分	能导电，但不一定承载工作电流的部分
7	带电部分	正常运行中带电的导体或可导电部分
8	外露可导电部分	设备上能触及的可导电部分，它在正常状况下不带电，但是在基本绝缘损坏时会带电
9	直接接触	人或动物与带电部分的电接触
10	间接接触	人或动物与故障情况下带电的外露可导电部分的电接触
11	耐故障能力	电气装置承受规定的电气故障电流的作用而不超出规定的损坏程度的能力
12	防护等级	按标准规定的检验方法，确定外壳对人接近危险部件、防止固体异物进入或水进入所提供的保护程度
13	双重绝缘	由基本绝缘和附加绝缘两者组成的绝缘
14	线间短路	两根或多根线（导体）之间的短路，在同一处它可伴随或不伴随线对地短路
15	过电流	超过额定电流的电流
16	空载	描述一个器件或电路不供应功率时的一种运行状态
17	满载	额定运行条件所规定的负载最高值
18	过载	实际负载超过满载的超出量
19	故障电流	由于绝缘损坏而流经故障点的电流
20	过载电流（电路的）	在没有电气故障情况下电路中发生的过电流
21	短路电流	由于短路而流经电网给定点的电流
22	泄漏电流	在不希望导电的路径内流过的电流，短路电流除外
23	介质损耗	极化的物质从时变电场吸收的功率，不包括由于物质电导率所吸收的功率
24	电气间隙	两导电部件之间在空气中的最短距离

续表

序 号	名 称	说 明
25	爬电距离	两导电部分之间沿绝缘材料表面的最短距离
26	接地故障电流	流向大地的故障电流
27	接地短路电流	系统接地导致系统发生短路的电流
28	剩余动作电流	在规定条件下，使剩余电流动作保护器动作的剩余电流
29	剩余不动作电流	在规定条件下，使剩余电流动作保护器不动作的剩余电流
30	故障接地	导体与大地的意外连接
31	功能接地	出于电气安全之外的目的，将系统、装置或设备的一点或多点接地
32	过（电）流保护	预定当电力系统电流超过规定值时动作的一种保护
33	过（电）压保护	预定当电力系统电压超过规定值时动作的一种保护
34	断相保护	依靠多相电路的一相导线中电流的消失而断开被保护设备，或依靠多相系统的一相或几相失压来防止将电源施加到被保护设备上的一种保护方式
35	等电位连接	为达到等电位，多个可导电部分之间的电连接
36	电气分隔	将危险带电部分与所有其他电气回路和电气部件绝缘以及与局部地绝缘，并防止一切接触的保护措施
37	紧急分闸	为了避免或减轻危险状况，开关器件将电气装置的电源断开的操作
38	灭弧装置	在开关断开时迅速熄灭电弧，保护开关触点不被电弧烧损的装置
39	接地导体	在系统、装置或设备的给定点与接地极或接地网之间提供导电通路或部分导电通路的导体
40	保护导体 PE	用于在故障情况下防止电击所采用保护措施的导体。注：在电气装置中，保护导体通常也被当作保护接地导体
41	中性导体 N	连接到系统中性点上并能传输电能的导体
42	保护接地中性导体 PEN	兼有保护接地导体和中性导体功能的导体
43	保护接地中间导体 PEM	兼有保护接地导体和中间导体功能的导体
44	主接地端子	将保护导体（包括等电位连接的导体和工作接地的导体）与接地装置连接的端子或接地排
45	专业人员	受过专业教育、具备一定的经验、有能力识别风险并能够避免电气危险的人员
46	受过培训的人员（电气）	在熟练的电气技术人员的建议或监督下，有能力识别风险并能够避免电气危险的人员
47	电气作业场所	主要用于电气设备运行且一般只有专业人员或受过初级训练的人员进入的空间或场所
48	电气安全工作条件	在导体或导电部件的安装处或其附近，带电部件被隔离、锁定和标识在规定状态，经测试确保现场没有电压且按规定接地的一种状态
49	带电作业	工作人员接触带电部分的作业，或工作人员用操作工具、设备或装置在带电作业区的作业

附录 2

低压第一种工作票

（停电作业）

编号：

1. 工作单位及班组：＿＿＿＿＿＿＿＿

2. 工作负责人：＿＿＿＿＿＿＿＿

3. 工作班组成员：＿＿＿＿＿＿＿＿

4. 停电线路、设备名称（双回路应注明双重称号）：＿＿＿＿＿＿＿＿

5. 工作地段（注明分、支线路名称，线路起止杆号）：＿＿＿＿＿＿＿＿

6. 工作任务：＿＿＿＿＿＿＿＿

7. 应采取的安全措施（应断开的开关、刀开关、熔断器和应挂的接地线，应设置的围栏、标志牌等）：＿＿＿＿＿＿＿＿

保留的带电线路和带电设备：＿＿＿＿＿＿＿＿

应挂的接地线：

线路设备及杆号				
接地线编号				

8. 补充安全措施：＿＿＿＿＿＿＿＿

工作负责人填：＿＿＿＿＿＿＿＿

工作票签发人填：＿＿＿＿＿＿＿＿

工作许可人填：＿＿＿＿＿＿＿＿

9. 计划工作时间：

自＿＿年＿＿月＿＿日＿＿时＿＿分至＿＿年＿＿月＿＿日＿＿时＿＿分

工作票签发人：＿＿＿＿＿＿ 签发时间：＿＿年＿＿月＿＿日＿＿时＿＿分

10. 开工和收工许可：

开工时间（日 时 分）	工作负责人（签名）	工作许可人（签名）	开工时间（日 时 分）	工作负责人（签名）	工作许可人（签名）

11. 工作班组成员签名：____

12. 工作终结：

现场已清理完毕，工作人员已全部离开现场。

全部工作于______年______月______日______时______分结束

工作负责人签名：______________　工作许可人签名：____________

13. 需记录备案内容（工作负责人填）：

14. 附线路走径示意图：

注：此工作票除注明外，均由工作负责人填写。

附录 3

低压第二种工作票
（不停电作业）

编号：

1. 工作单位：______________________________
2. 工作负责人：______________________________
3. 工作班组成员：______________________________
4. 工作任务：______________________________

____

____

5. 工作地点与杆号：______________________________

____

____

6. 计划工作时间：自______年______月______日______时______分
至______年______月______日______时______分

工作票签发人：_____ 签发时间：______年______月______日______时______分

7. 注意事项（安全措施）：______________________________

____

____

8. 工作票签发人（签名）：______年______月______日______时______分

工作负责人（签名）：（开工）______年______月______日______时______分
（终结）______年______月______日______时______分

工作许可人（签名）：（开工）______年______月______日______时______分
（终结）______年______月______日______时______分

9. 现场补充安全措施

工作负责人填：______________________________

____

工作许可人填：______________________________

10. 备注：______________________________

____

____

____

____

11. 工作班组成员签名：______________________________

注：此工作票除注明外，均由工作负责人填写。